카 / 페 / 에 / 서 / 배 / 우 / 는

가정집 인테리어

카 / 페 / 에 / 서 / 배 / 우 / 는

가정집 인테리어

1판 1쇄 발행 2014년 3월 27일

지은이 | 이주희
펴낸이 | 김선숙, 이돈희
펴낸곳 | 그리고책

주소 | 121-842 서울시 마포구 서교동 461-28 삭녕빌딩 1~2층
대표전화 | 02-717-5486~7 **팩스** | 02-717-5427
이메일 | editor@andbooks.co.kr **홈페이지** | www.andbooks.co.kr
출판등록 | 2003.4.4 제 10-2621호

편집책임 | 이정순
편집진행 | 이선미, 여연주, 김아름
마케팅홍보 | 이영희
마케팅 | 서은실, 이교준
경영전략 | 박진희, 나주희
교열 | 김혜정
포토 | YUL studio
디자인 | 임디자인 · 임병천

값 13,000원
© 2014 이주희
ISBN 978-89-97686-42-1 13590

CAFE ★ STYLE HOME INTERIOR

카 / 페 / 에 / 서 / 배 / 우 / 는

가정집 인테리어

글·취재 **이주희**

그리고책
andbooks

Prologue

**많은 사람들이 카페에서
친구를 만나고,
연인을 기다리고,
책을 읽고,**

기분 좋은 저녁의 끝자락에 카페에 들러 시간을 보냅니다. 모두들 카페를 편하고 익숙하게 느끼고 있습니다. 어떤 경우에는 집보다 더 편안하게 느끼는 것만 같습니다. 지금 잠시 집을 둘러보세요.

우리는 그곳에서 가족들과 함께 웃기도 하고, 때로는 혼자만의 생각에 빠지기도 합니다. 근사한 저녁식탁을 준비하기도 하고, 가끔은 소박한 식사를 할 때도 있죠. 아이들의 웃음이나 친구들과의 떠들썩한 대화로 가득할 때도 있지만, 차분한 공기가 조용히 번지는 순간도 있습니다. 분주한 아침도 있고, 길게 누워 쉴 수 있는 저녁도 있습니다. 집에는 이렇게 우리의 삶이 차곡차곡 쌓이고 이야기들이 담겨야 합니다. 제가 원하는 건 집을 카페처럼 예쁘고 멋지게 꾸미려는 게 아닙니다. 카페가 모두에게 쉴 수 있는 여유를 주는 것처럼, 우리의 집에서도 혼자만의 여유와 가족이 함께 나누는 이야기가 담길 수 있었으면 하는 바람을 담은 것입니다. 여러분의 집이 예쁘고 멋지게 바뀌기보다는 자기만의 시간을 보낼 수 있는 사유의 공간으로, 때로는 사랑하는 가족과 함께 이야기를 나누며 서로의 시간을 담는 그릇이 되기를 바랍니다. 여러분의 그릇을 아름다운 이야기로 채울 수 있도록 멋진 재료들을 모았습니다. 여러분이 바로 제가 준비한 재료를 요리할 셰프입니다.

남의 집은 아무리 멋져 보여도 문을 똑똑 두드려 찾아갈 수는 없습니다. 하지만 쉽게 문을 열고 들어가 원하는 곳에 앉아도 보고 이리저리 기웃거려도 괜찮은 곳이 있다는 거 아세요? 눈치 채셨겠지만, 바로 카페입니다. 멋진 카페는 그 자체로 좋은 인테리어 교과서입니다.

이주희

Contents

PART 1

인더스트리얼 스타일

PART 2

스칸디나비안 스타일

PART 3

힐링 스타일

PART 4

피스&펀 스타일

PART 5

유니크 스타일

PART 6

카페 같은 가정집 인테리어

01

낡고 오래되었지만 그 안에 숨쉬고 있는 매력을 찾아낼 수 있고,
오랫동안 함께한 물건들이 뿜어내는 따뜻한 기운을 경험해 본
적이 있다면, 당신은 인더스트리얼 스타일에 마음을 뺏길 가능
성이 아주 높다. 주조된 선반이나 철제 나사로 조절되는 튼튼한
의자, 파이프를 연상시키는 단단해 보이는 조명 등은 인더스트
리얼 디자인의 대표적인 제품. 인더스트리얼은 세련된 아날로그
감성을 지닌 이들을 위한 특별한 매력으로 가득하다.

거울로 달라지는
특별한 벽면

INDUSTRIAL

인더스트리얼 스타일 인테리어

인더스트리얼
스타일의 의자

낡은 트렁크의
멋진 변신

D 55

인더스트리얼의 아날로그 감성, 디 55

철은 참 이상한 소재다. 딱딱하고 차가운 느낌을 갖고 있지만, 여기에 시간이 더해지면 굉장히 따뜻해진다. 철재를 사용한 인더스트리얼 디자인은 산업화의 산물이지만, 세월의 흐름을 자연스럽게 받아들인 아날로그적인 양면성을 지니고 있다. 인테리어 회사인 두브DOOV가 디인더스트리d'industry라는 가구브랜드를 런칭하면서 문을 연 카페 디 55. 엄밀히 말하면 디 55는 카페이자 디인더스트리의 커다란 쇼룸이다. 디 55를 설명하기 위해서는 디인더스트리를 조금 설명해 둘 필요가 있는데, 디인더스트리는 목재와 금속을 결합하여 바우하우스 시대를 연상시키는 세련된 가구를 디자인한다. 카페 한쪽에는 바우하우스의 포스터까지 슬쩍 놓여 있으니, 꽤 노골적으로 애정을 드러내고 있는 셈이다. 그러니 디 55가 인터스트리얼한 감성으로 가득하다고 단언하는 건 과장된 표현이 아니다.

Shop info

디 55의 2층 테라스에 앉아 신선한 원두를 직접 로스팅한 커피와 유기농 밀가루를 사용해 만든 빵과 쿠키를 맛보고 있노라면 시간이 멈춘 듯한 기분이 들 것이다. 게다가 이곳에 있는 장식장부터 테이블, 의자, 찻잔, 스푼까지 눈에 보이는 것들을 구매 가능하다는 것을 알게 된다면, 이곳을 그대로 옮겨오고 싶은 지름신의 유혹을 이겨야 할지도 모르겠다.

>> **주소** 서울시 종로구 팔판동 55
>> **문의** 02.720.5014

Cafe
Style 01

1

2

01 철제 프레임과 나무를 사용해 빈티지한
느낌을 더한 의자와 테이블로 채워진 카페
02 창문 중앙에 사각형으로 프레임을 만들어 안쪽만
열리도록 만든 독특한 형태는 창문 밖으로 보이는
고즈넉한 풍경을 더욱 멋스럽게 만들어준다.

철제와 나무가 만드는 아날로그 감성

디 55는 시즌에 따라 조금씩 콘셉트가 달라지지만, 오래된 친구를 만나는 듯 친숙하다. 우리가 이곳에서 친숙함과 따뜻함을 느끼는 이유는 목재와 금속이 더해진 가구들이 고즈넉한 매력을 지니고 있기 때문이다. 옛날 문틀이나 마룻바닥에 사용되던 오래된 나무가 철제를 만나면 오히려 더 담백한 아날로그의 감성이 느껴진다. 바로 이것이 인더스트리얼의 매력이다.

HOME STYLING IDEA 1 철제 프레임과 원목을 결합한 디 55의 가구들은 소량으로 한정된 수량만 제작되는데, 덕분에 남과 다른 나만의 근사한 가구를 가질 수 있다. (자세히 보면 카페의 가구들에 가격표가 붙어 있어, 직접 구매도 할 수 있다) 이러한 가구들은 정형화된 구성이 아닌 아무렇게나 늘어놓거나, 혹은 길게 늘어뜨린 낡은 철제 조명 등과 함께할 때 더욱 빛을 발한다.

60년대에 지어진 일본식 2층집이었다는 흔적이 희미하게 남아 있는 점도 이곳의 매력. 일본 주택은 보통 습기가 높은 기후에 맞춰 창이 많고 지붕이 높은 편이다. 디 55도 층고가 높고 창이 꽤 많다. **HOME STYLING IDEA 2** 창문은 이곳을 다른 곳과 다르게 보이도록 만드는 중요한 장치다. 커다란 창문은 정사각형의 창살로 나누어져 있는데, 중앙의 4쪽만 열리는 독특한 구조를 지니고 있다. 바우하우스 시대(기능에 충실한 간결하고 모던한 가구 디자인이 시작된 시기)의 디자인에서 아이디어를 얻은 창문은 두브에서 직접 맞춤 제작한 것으로, 밋밋한 창문에서는 결코 느낄 수 없는 조형미가 느껴진다. 게다가 기능적이고 실용적이기까지 하니, 인더스트리얼한 디자인의 매력이란 바로 이런 것이라는 외침이 들리는 듯하다.

03 디 55에서 한정 판매하는 디인더스트리 가구들

인더스트리얼 제품, 실용적이다. 탄탄하다. 기능적이다.

인더스트리얼이라는 의미를 살펴보자면, 산업화로 인해 대량 생산이 가능해지면서 생산된 실용적이고 탄탄하며, 기능적인 장점들을 지닌 디자인을 말한다.

디 55에서도 이러한 인더스트리얼의 장점을 고스란히 느낄 수 있다. <mark>HOME STYLING IDEA 3</mark> 디 55의 벽면에 세워진 선반은 철제 레일을 활용해 원하는 높이에 선반을 달 수 있도록 만든 것으로 흔히 볼 수 있는 아연 앵글을 선반으로 활용한 아이디어가 돋보인다.

카페 곳곳에 철제 옷걸이도 눈에 띈다. 그대로 집으로 옮겨오고 싶은 멋진 옷걸이들은 자세히 들여다보면 패션 샵에서 흔히 사용되는 것들이다. 수도 배관을 연상시키는 파이프 형태의 옷걸이는 그냥 놓아두는 것만으로도 인더스트리얼한 분위기를 연출하는 데 꽤 도움이 된다.

인더스트리얼 스타일을 완성할 때 빼놓을 수 없는 것이 바로 조명이다. 디 55의 계산대 위쪽에 매달린 철제 조명은 병원 수술대 위에 있던 것을 그대로 떼어와 리사이클한 것이다. 반짝거리는 스틸이 아닌 주물로 만들어진 조명에는 세월의 무게가 그대로 담겨 있고, 나무로 만들어진 테이블과 철제 조명이 어우러지면 자연스럽게 감성적인 분위기가 만들어진다.

| 4 | 5 |

04 병원 수술대 조명을 리사이클한 철제 조명 등 빈티지한 느낌의
조명은 이곳의 분위기를 독특하게 느끼게 하는 일등공신.
05 철제 앵글에 선반을 단 것으로 작은 물건을 수납하거나
벽면을 장식하는 데 좋은 아이디어가 될 듯.

06 옷가게에서 많이 사용되는 수도 배관을 연상시키는 파이프 형태의 옷걸이를 놓아두어 세련된 멋을 더했다. 자주 입는 옷이나 그날 입었던 옷을 걸어두는 등 유용하게 활용할 수 있다. 이곳처럼 침실의 창문 쪽에 놓아두거나 침대 뒤편에 세워두는 것도 좋은 아이디어.

15p

HOME STYLING IDEA1

모리
서울시 종로구 자하문로 38길 7
blog.naver.com/mori_2011
02.396.0425

에반스 빌
서울시 마포구 독막로 15길 12
evansville.co.kr
070.7636.3872

aA 디자인 뮤지엄
서울시 마포구 와우산로
17길 19-18
aadesignmuseum.com
02.3143.7312

인더스트리얼한 가구로 꾸미기

낡고 오래된 빈티지 느낌의 가구들은 상태가 제각각이므로 사진만 보고 고르면 실망할 수 있다. 직접 발품을 파는 게 좋다. 이태원의 빈티지 쇼룸을 돌아다녀도 좋고, 몇몇 인더스트리얼 스타일의 카페에서는 직접 구매도 가능하니, 이런 곳을 돌아다녀 보는 것도 좋다. 혹은 빈티지한 효과를 위해 부식 페인트를 사용하는 것도 좋은 방법 중 하나. 조금 흠이 났거나 때가 묻은 제품이라면 부식 페인트를 발라 빈티지한 소품으로 재탄생시키는 것도 좋다. 철가루가 들어 있는 부식 페인트는 나무나 플라스틱, 석고보드 등 다양한 소재에 사용할 수 있으니 손재주가 좋은 편이라면 한 번쯤 도전해보자.

인더스트리얼한 가구 카페

인더스트리얼한 가구를 직접 구매할 수 있는 카페가 의외로 많다. 앉아보기도 망설여지는 가구점과 달리 자유롭게 앉아보고, 구매할 수 있으니 한 번쯤 방문해보자.

어렵게만 느껴지는 인더스트리얼 스타일을 쉽게 이해해보자. 조금 낡은 듯한 느낌을 주고, 철제를 사용하며, 오래된 물건들을 조금만 믹스하면 된다. 여기 모아놓은 간단한 비법들을 참고하자.

부식 페인트로 빈티지 효과 내기

빈티지하게 만들어주는 방법은 바로 부식 페인트를 사용하는 것. 부식 페인트는 철가루가 들어 있어 녹슨 느낌을 만들어주는데, 프라이머와 부식 페인트, 부식액을 순서대로 사용하면 손쉽게 만들 수 있다. 특히 나무나 플라스틱, 석고보드 등 다양한 소재에 사용할 수 있어 활용도가 높다는 것이 강점. 블랙이나 그레이 컬러의 철 부식 효과를 주는 제품도 있고, 카키나 브라운 컬러가 나타나는 동 부식 페인트 등이 있으니 취향에 따라 고르면 된다.

>> Styling tip

1 부식 페인트를 바른 후 부식액을 바르는데, 이때 붓으로 바르거나 스프레이로 뿌리는 방법 등이 있다. 좀 더 깔끔한 효과를 원한다면 붓을 추천한다.

2 시간이 흐를수록 부식이 계속 진행되므로, 더 이상 부식을 원하지 않는다면 수용성 코팅제를 발라둔다.

In my home

나만의 특별한 창문 만들기

창문은 외부와 안쪽을 연결해 주는 중요한 통로이다. 평범한 창문을 카페에서 본 멋진 창으로 바꿔보자. 기존 창틀에 원하는 컬러나 수종을 선택해 붙이면 색다른 창문이 완성된다.

나무 창틀로 바꾸기

기존 창틀에 나무를 고정하기만 하면 되는 아주 간단한 작업. 좀 더 세련된 스타일을 원한다면 모서리 부분을 사선으로 잘라 사용하면 된다. 사이즈를 실측한 후 목재소에 가서 미송 합판과 각재를 구매한 후 사포질을 하고, 기존 창문의 외관 샷시에 드릴과 나사못을 사용해 고정한다. 원하는 컬러로 페인트칠 해도 좋다. 나무 재단 서비스를 해주는 곳이 많은데, 1600mm가 넘으면 화물 배송을 해야 하니, 택배 배송을 받을 수 있도록 사이즈를 고려하자.

>> Styling tip

1 창문이 없는 집 안이나, 밋밋한 벽에 몰딩을 이용해 창문을 만들면 독특한 공간을 만들어 낼 수 있다. 원하는 크기로 맞춰 자른 후 글루건이나 목공 본드를 사용해 벽에 고정시키고 몰딩 안쪽에 구름이나 나무 등 다양한 모양의 그래픽 시트지를 붙이면, 근사한 나만의 창문이 완성된다.
2 창문에 직접 부착하는 몰딩은 비교적 얇은 것을 선택하는 게 좋다.

HOME STYLING IDEA3

철제를 활용한 인더스트리얼 스타일링

철제 파이프나 철제 앵글은 인더스트리얼 스타일을 완성하는 데 활용하면 좋은 아이템. 철제 앵글에 나무 선반을 더해 장식장으로 활용하거나 침실에 철제 행거를 놓아두면 의외로 활용도가 높다.

실용적인 앵글 선반 만들기

앵글 선반은 을지로 5가나 학동역 사거리의 자재 골목에서 흔히 볼 수 있는데, 소재와 조립방법에 따라 종류가 많아 주의 깊게 골라야 한다. 녹슬지 않는 아연 앵글을 선택하고, 높이에 따라 단 조절을 해야 하니 움직이기 쉬운 경량 랙을 선택하는 것이 좋다. 온라인 사이트 을지앵글산업(angle04. co.kr)에서 맞춤 제작도 가능하다. 여기에 사이즈를 맞춰 나무 선반을 맞추면 앵글 수납장이 완성된다.

철제 행거로 드레스룸 꾸미기

침실이나 드레스 룸에 그날 입은 옷 등을 쉽게 걸어둘 수 있도록 행거를 달아두면 멋진 인더스트리얼 스타일을 완성할 수 있다. 드레스룸을 옷걸이로 답답하게 꽉 채우는 대신 간단한 철제 행거와 의자만으로 세련되게 연출해보자. 흔히 패션샵 등에서 많이 볼 수 있는 훅을 사용하면 좋은데, 수도 배관 형태의 인더스트리얼한 디자인을 선택하고 블랙이나 화이트, 혹은 철제 컬러를 고르면 훨씬 세련된 드레스룸을 만들 수 있다. 샵앤몰 (shopandmall. co.kr) 등에서 저렴하게 구매할 수 있으니 참고할 것.

>> Styling tip

1 벽에 부착하는 철제 행거의 길이는 긴 것과 짧은 것을 높낮이를 다르게 해 함께 사용하면 훨씬 세련된 공간이 완성된다.
2 행거의 아래쪽에는 신발을 담아두는 박스를 쌓아두고 활용하면 좋다.
3 원형으로 휘어진 제품을 활용해 모서리 등에 부착하면 좁은 공간을 훨씬 효율적으로 활용할 수 있다.

Meat Packing

뉴요커의 **인더스트리얼** 스타일, 미트패킹

섹스 앤더 시티의 캐리가 가장 사랑한 '파스티스'나 '부다바' 등 트렌디한 레스토랑과 갤러리, 패션샵이 즐비한 미트패킹 디스트릭트Meatpacking District는 소호와 첼시를 잇는 뉴욕의 핫 플레이스다. 이태원에 문을 연 미트패킹은 크리에이티브 팩토리라 불리는 뉴요커의 감성으로 가득한 곳이다. 보헤미안부터 포스트모더니즘, 펑크를 지나 인더스트리얼 빈티지의 매력으로 빠져들고 있는 뉴욕의 핫 플레이스를 그대로 옮겨 놓은 미트패킹. 이곳에서는 원목 테이블과 빈티지한 의자들이 벽돌이나 나무와 자연스럽게 어우러진다. 우리가 알아야 할 믹스&매치의 노하우가 미트패킹에 고스란히 담겨 있다.

Shop info

미트패킹은 이름처럼 스테이크를 맘껏 맛볼 수 있는 곳이다. 대표 메뉴인 미트패커스테이크를 주문하면 등심과 채끝살 등 7가지 부위를 맛본 후, 원하는 부위만을 골라 무제한으로 즐길 수 있다.

>> **주소** 서울시 용산구 이태원로 27길 6 대한빌딩 5F
>> **문의** 02.794.9919

Cafe
Style 02

공간을 나누는 비법

미트패킹에서 눈에 띄는 것은 바로 공간을 지그시 나눠주는 도어와 파티션들이다. 유리나 나무, 벽돌 등 다양한 소재들을 적재적소에 사용해 공간을 나누는 파티션으로 활용하고 있다. 때로는 기둥이 파티션이 되기도 하고, 유리와 나무가 자연스럽게 연결되며 파티션이 되기도 한다.

HOME STYLING IDEA 1 보통 문이나 파티션은 두 공간을 나누는 역할만을 한다고 생각하기 쉽지만 기능적이고 디자인적인 요소로 활용할 수도 있다는 점을 기억해두자. 예를 들어 미트패킹은 파티션의 일부와 문을 유리로 만들고 스티커나 몰딩을 이용한 디자인을 더해 막힌 공간의 답답함을 줄이고 전망을 즐길 수 있도록 했다. 기능적인 고려가 포함된 디자인으로 문의 역할을 완성한 것이다. 공간마다 제 역할이 있다는 것을 잊지 말아야 한다.

1	2

01·02 높이가 낮은 파티션을 둘러 공간을 나눈 모습. 꽉 막혀 답답해 보이거나 뒤쪽이 훤히 들여다보여 프라이버시를 침해당하지 않도록 유리와 나무를 적절히 함께 사용한 것이 특징이다.

03 공간을 나눠 프라이빗한 공간을 제공하는 유리문. 스티커를 더해 디자인 요소를 살렸다.

04 외부의 테라스. 햇살이 뜨거운 날에는 어닝을 사용해 빛을 차단하기도 하고 도심 속에서 아늑한 기분을 맛볼 수도 있다.

05 빈티지와 클래식의 만남이 돋보이는 공간. 빈티지한 느낌의 원목 테이블과
클래식한 스타일의 의자가 잘 어울릴 수 있다는 것을 보여준다.
06 유명 리조트에서 많이 볼 수 있는 스타일링을 그대로 옮겨왔다.
등받이가 높은 심플한 소파와 원목 벤치를 함께 믹스해 자유로운 분위기를 연출했다.

07 철제 프레임이 인상적인 빈티지한 바스툴과 원목 테이블을
놓아 펍(pub)의 캐주얼한 분위기를 느끼게 한 공간.

원목 테이블의 스타일링 노하우

　꽤 많은 수의 문과 파티션이 있는데도, 미트패킹은 따로 떨어져 있다는 느낌이 없다. 그 이유
는 아마도 넉넉한 크기의 원목 상판을 사용한 테이블 덕분일 것이다. VIP룸의 클래식한 의자들
도, 빈티지한 가죽 의자들을 놓을 때도 원목 테이블은 이들을 넉넉하게 받쳐준다.

HOME STYLING IDEA 2 다양한 디자인의 의자들과 어우러지며 자연스러운 매력을 보여주는 미
트패킹의 원목 테이블은 우리에게 멋진 스타일링 노하우를 가르쳐준다. 빈티지한 느낌을 주고
싶다면 원목의 컬러는 어두운 색을 선택하고, 철제 프레임과 의자를 매치하는 게 정답이다. 그
린이나 블랙 컬러의 바스툴을 놓아도 좋고, 빈티지한 느낌의 가죽을 더한 슬림한 라인의 의자를
더해도 좋다. 좀 더 클래식한 스타일을 원한다면 VIP룸을 참고해보면 어떨까? 클래식한 느낌의
의자와 조금 밝은 컬러의 원목 테이블을 더하니 고풍스러운 느낌의 세련된 공간이 만들어진다.
이렇듯 실전에 그대로 적용하면 좋을 만한 인테리어 팁은 미트패킹을 조금만 관심있게 둘러봐
도 얻을 수 있다.

　이태원을 한눈에 내려다볼 수 있는 테라스에서는 좀 더 색다른 원목 가구들을 만날 수 있다.
바로 아웃도어 가구들인데, 물과 오염에 강한 방수와 방오 가공이 되어 기능적이고 실용적인 제
품들이다. 최근에는 실내로 가져와 사용하는 경우가 늘어나고 있다.

HOME STYLING IDEA1

24p

카 페 처 럼   몰 딩 하 기

천장과 벽 사이를 둘러싸고 있는 몰딩은 생각보다 집에서 하는 역할이 크다. 전문가들에게 인테리어를 맡기면 꼭 바꿔야 하는 목록에 몰딩을 넣는 경우가 많다. 그만큼 몰딩은 집의 인상을 결정짓는 중요한 요소다. 몰딩을 응용한 다양한 활용법을 알아본다.

몰딩과 웨인스코팅 시공

복도나 거실의 분위기를 가장 쉽게 바꾸는 방법으로 웨인스코팅(유럽풍 공간에 주로 활용되는 벽면 몰딩장식을 의미. 보통 1m 정도 높이의 허리 몰딩과 걸레받이 사이의 빈 공간에 액자형태로 몰딩을 넣어 완성)을 추천한다. 몰딩의 일종인 웨인스코팅은 유럽풍의 공간을 만드는 데 빼놓을 수 없는 기법으로, 생각보다 쉽게 시공할 수 있다. 우선 벽면을 반으로 나눈 후 몰딩으로 경계를 만든다. 몰딩을 경계선으로 삼아 아랫부분에 페인트를 칠한 후 미리 재단된 사각형으로 웨인스코팅을 시공하면 된다. 주문 시 사이즈를 정하고 글루건으로 붙이기만 하면 작업 끝. 깔끔한 마감을 위해 미리 연필로 선을 그려 넣으면 멋진 웨인스코팅을 만들 수 있다. 복도나 거실의 한쪽 면, 계단의 옆부분을 이렇게 활용하면 근사한 유럽 스타일의 공간을 만들 수 있다.

>> Styling tip

1 웨인스코팅을 창문처럼 위쪽에 부착한 후 공간에 재미를 줄 수 있다. 몰딩 양옆에 나무로 된 갤러리 창을 달아두면, 장식 효과가 뛰어난 창문이 완성된다.
2 문이나 창문에 직접 몰딩을 붙이는 것도 인테리어에 좋은 활용법. 문 전체의 모서리를 액자처럼 두르거나, 아랫부분에만 액자 형태의 웨인스코팅을 활용해도 좋다. 클래식한 몰딩이나 리본 모양의 몰딩은 여자아이가 있는 집에서는 해볼 만한 아이디어. 혹은 작은 패턴이 들어가 있는 몰딩을 사용하는 것도 좋은 방법이다. 을지로 목재상에서 1만 원 내외로 구매할 수 있다.

카페 스타일 연출에서 빠지지 않는 원목 테이블 구매 요령과 알기 쉬운 연출법,
그리고 미트패킹에서 배운 몰딩에 도전해보자.

HOME
STYLING
IDEA2

원 목 가 구 직 접 주 문 제 작 하 기

원목 가구는 오랫동안 사용하는 튼튼한 제품인 만큼 처음부터 마음에 드는
제품을 선택하는 게 좋다. 기성 제품을 구매할 수도 있지만, 원하는 크기나
소재가 있다면 직접 주문 제작하는 것이 좋다.

주문 제작 전 준비 사항

견적을 위해서는 정확한 치수가 필요하다. 특히 상판의 크기뿐 아니라 다리
부분에 대해 신중히 생각하는 것이 좋다. 의자에 앉았을 때 다리 부분에 부딪
치거나 넣고 빼는 것이 어렵지 않도록 신경 써야 한다. 기존에 사용하고 있는
테이블의 크기를 기준으로 삼으면 좋다. 또한, 상판과 다리를 따로 제작하면
훨씬 경제적이다. 원목은 우리나라 기후의 특성상 휘어지거나 갈라지는 경우
가 많으며, 물이나 오염 등에 취약하니 어린아이가 있다면 상판을 좀 더 실용
적인 소재로 선택하는 것이 좋다.

>> Styling tip

1 빈티지 웍스(cafe.naver.com/vintageworks)나 팔레트 아트(palletart.co.kr)에서는 빈티
지 도어나 원목 상판 등을 구매할 수 있다. 인도네시아 원목를 건조해 수작업으로 나무를 만
드는 합정동 키앤호(kienho.com)에서는 좀 더 빈티지한 느낌의 원목 테이블 상판을 구할 수
있다. 혹은 여러 가지 컬러의 나무를 믹스한 스크랩우드를 상판으로 활용해도 멋스럽다. 우드
헨지(woodhenge.co.kr)에서는 피트 헤인 에이크(Piet Hein Eck)가 사용해 유명해진 스크랩우
드를 사용한 핸드메이드 가구를 판매하는데, 빈티지한 멋과 세련된 컬러 감각이 공간을 새롭
게 만들어준다. 테이블 가격은 2000mm 기준으로 170만 원 정도.
2 원목의 가격이 부담스럽거나 아이가 있는 집이라면 식탁 상판에 타일을 붙여 빈티지한 식
탁을 만들 수 있다.

27p

Homeo

브리티쉬 빈티지, 호메오

런던의 작은 골목을 걷고 있다고 상상해보라. 혹은 브릭레인이나 포토벨로 마켓을 떠올려도 좋다. 브리티쉬 디자인의 중심은 골든 스퀘어나 소호일지도 모르지만, 그곳에서는 빈티지 마켓만큼의 매력은 찾을 수 없을 것이다. 호메오에서라면 찍어낸 듯한 재미없는 스타일이 아니라 빈티지 룩을 즐길 줄 아는 진짜 런더너들을 꼭 빼 닮은 이들과 마주칠 것만 같다. 호메오는 브리티쉬 빈티지를 경험할 수 있는 우리나라에서는 몇 안 되는 특별한 곳이다.

이곳을 처음 찾은 이들은 카페를 가득 메운 수많은 가구와 소품들에 놀랄지도 모른다. 이곳은 카페이기 이전에 호메오를 보여주는 쇼룸이기 때문이다. 빈티지한 소파에 느긋하게 앉아 커피를 마시고 위층으로 슬쩍 올라가 2층을 가득 메운 인더스트리얼한 책장과 의자, 거울과 조명 등의 소품들을 자유롭게 돌아보는 것만으로도 빈티지를 공부하는 데 도움이 될 것이다.

Shop info

1층과 2층에서는 호메오에서 취급하는 〈Halo〉나 〈Timothy Oulton〉와 같은 가구 브랜드를 만날 수 있다. 또한 커피와 샐러드, 샌드위치를 맛볼 수 있으니 호메오의 인더스트리얼한 가구에 느긋하게 앉아 시간을 보내보자. 파주 헤이리에 2호점이 운영 중이니 참고하길.

>> **주소** 서울시 마포구 와우산로 29가길 80
>> **문의** 02.544.1727

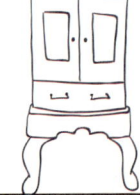

01 거친 마감의 벽돌과 빈티지 가구들이 조화를 이룬 2층의 전시 공간.
유럽의 빈티지 샵을 그대로 옮겨 놓은 듯한 독특한 분위기를 지니고 있다.

빈티지의 고향, 영국을 담다

인더스트리얼 스타일, 이 말에는 철제와 오래된 나무를 더한 낡은 느낌이 가장 먼저 떠오른다. 조금 설명을 덧붙이자면, 거친 마감이 주는 남성적인 이미지와 오랜 세월을 담은 빈티지한 분위기를 더하면 인더스트리얼 스타일이 완성되는 것이다. 호메오는 한 걸음 더 나아가 빈티지와 인더스트리얼의 출발점이 되었던 영국의 클래식한 매력까지 더해져 있는 곳이다.

영국의 고전 스포츠인 럭비나 테니스, 요트에서 영감을 얻은 빈티지 스타일부터 유니언 잭이 새겨진 커다란 버튼 장식 소파나 레드 컬러가 칠해진 철제 캐비닛까지 자연스럽게 영국을 연상시킨다. 또한 트렉터의 시트를 본떠 **HOME STYLING IDEA 1** 빈티지한 가공을 거친 철제 스툴이나 오래된 나무 선반이 놓인 책장, 트렁크까지. 인더스트리얼 스타일의 매력으로 꽉 차 있는 곳이 바로 호메오다. 빈티지하게 마감 처리를 한 철제 의자, 테이블과 함께 곳곳에 놓인 암체어와 버튼 장식의 소파들은 손때 묻은 가구가 주는 친숙함과 편안함으로 호메오를 가득 채운다.

2	3

02 1층과 2층을 연결하는 계단참. 이곳은 창문이나 복도, 계단 등 곳곳에 놓인 모든 제품이 빈티지한 매력으로 가득하다. 공간 구석구석을 돌아보는 것만으로도 즐거운 경험이 된다.
03 유니언 잭이 새겨진 일인용 암체어와 다양한 소품가구. 가구 하나만으로도 기존의 밋밋한 공간이 색다르게 변한다.

 4

 5

04 남성적이고 영국적인 감성의 빈티지한 분위기를 원한다면, 이곳에서 판매하는 작은 쿠션 하나로 시작해도 좋다.
05 나무와 철제가 더해지면 빈티지 특유의 매력이 가장 잘 드러난다. 선반 위에는 철제 소품이나 오래된 책 등을 올려놓아 분위기를 더했다.

06 이국적인 분위기에
여유로운 느낌이 가득한 호메오

세월을 담은 빈티지 소품 활용법

철제 간판 아래를 꽉 채운 커다란 창은 육중하고 진중하다. 이 철제 창은 앞쪽으로 열어둘 수 있는데, 햇살이 좋은 날 열린 창문 틈으로 불어오는 바람과 향긋한 커피향이 어우러진 호메오의 이국적인 분위기는 먼 여행지에서 보내는 여유로운 오후를 연상시킨다. 조금은 무거워 보이는 호메오의 가구들이 햇살 아래 반짝이는 모습은 굉장히 매력적이다. 자유롭게 놓여진 가구들은 남성적인 거친 아름다움으로 가득하지만, 사실은 꽤 부드럽고 안락하다. 그래서 한번 앉으면 좀처럼 일어나기 힘들다. 빈티지 가구들은 세월을 이겨낼 만큼 튼튼하고, 충분히 안락하다.

호메오의 가장 큰 장점은 **HOME STYLING IDEA 2** 빈티지한 가구와 소품을 한자리에서 만날 수 있다는 점이다. 당연한 얘기겠지만, 소품을 어떻게 사용하는가에 따라 전체적인 스타일링의 성공 여부가 결정된다. 오래된 선풍기와 철제 트레이, 낡은 마감이 더 정겹게 느껴지는 스툴, 오래된 양철통 등 작은 소품들이 빈티지한 가구 사이사이를 적당히 채우면서 호메오를 더욱 매력적으로 만들어준다.

호메오는 라틴어로 '변하지 않는다'는 의미라고 한다. 하지만 호메오에서는 매일 하루만큼의 이야기가 더해진 채 세월이 차곡차곡 쌓여가고 있다.

33p

HOME
STYLING
IDEA1

빈티지 스타일링

빈티지는 포인트로 활용하라

빈티지 스타일로 집 안의 모든 공간을 다 채우는 것보다는 거실의 한쪽 구석, 한쪽 벽면 등 일부분에 포인트로 빈티지 스타일을 시도해보는 것이 좋다.

나무를 활용하기

원목 패널을 빈티지한 느낌을 연출하는 데 활용할 수 있다. 고재 느낌의 원목을 선택하고, 자연스러운 컬러를 입히거나 간단한 타이포를 넣어 그림처럼 벽에 세워두거나 침대 머리 쪽의 헤드 보드로 활용해도 좋다.

호메오에서 판매하는 알파벳 우드가 적힌 수납장이나, 레터링 마감된 우드 패널은 타이포를 활용한 빈티지 스타일링의 중요한 포인트. 나무를 잘라 만든 타이포를 구매해 도어나 오래된 서랍장에 붙이면 빈티지한 가구로 쉽게 리사이클링할 수 있다. 인테리어 자재를 전문적으로 판매하는 윤현상재(38p 참고)에서는 다양한 크기와 마감의 레터링을 구매할 수 있다.

호메오에서 어렵게만 느껴지는 빈티지 스타일링 비법을 배운다.
빈티지 제품을 살 수 있는 멋진 곳들도 함께 담았다.

트렁크를 빈티지 소품으로 활용하자

빈티지한 스타일의 트렁크를 수납장으로 활용해보자. 호메오에서는 영국 귀족들이 즐기던 항해에서 모티브를 얻은 여행용 트렁크 수납장이 눈에 띈다. 클래식한 가죽 손잡이와 빈티지한 마감, 철제 연결고리 등 오래전 그때를 그대로 재현한 트렁크 수납장은 별다른 노력 없이도 빈티지한 공간을 만들어준다.

In my home

35p

HOME
STYLING
IDEA2

빈 티 지 샵 돌 아 다 니 기

저마다의 매력으로 가득한 빈티집 샵은 돌아보는 것만으로도 꽤 즐거운 놀이
가 된다. 마음에 드는 건 될 수 있으면 사는 게 좋다. 같은 제품을 다시, 다른
곳에서 만난다는 건 거의 불가능하기 때문. 다음으로 미루다 나중에 '후회된
다'는 한탄을 하게 될지도 모른다. 이태원 골목골목에는 무려 89개의 앤틱 매
장이 자리 잡고 있다. 이태원의 경우 공식 사이트(itaewonantique.com)를
통해 매장에 대한 자세한 정보를 제공하니, 참고하길.

제스트
이태원에 위치한
프랑스 빈티지 리빙 숍
서울시 용산구 보광로 100
02.797.8952

1920's 빈티지
1800년대 말부터 1900년대 초반의
인더스트리얼 가구, 소품 등을 판매
서울시 용산구 녹사평대로 26길 38
02.749.7835

빈티지 팩토리
레트로 가구 및 철제 빈티지 소품
등을 주로 판매
서울시 용산구 녹사평대로 26길 54
02.722.8678

올드반앤틱몰
빈티지뿐 아니라 유럽 앤틱 제품까
지, 시대를 넘나드는 제품을 판매
22baker.com
070.8839.3111

더 로프트
철제 캐비닛과 빈티지 트렁크 등을
구비, 다양한 철제 소품 판매
서울시 용산구 보광로 59길 55
070.4234.0025

빈티지 앤틱 하우스
조명과 장식품, 간판, 지구본, 전화
기 등 없는 게 없는 소품 샵
서울시 용산구 보광로 90
태광빌딩 1층
070.4300.9129

무이프랑
독특한 색감의 리사이클 가구를 만
날 수 있는 곳
muifran.com
031.284.1048

윤현상재
우드 타이포뿐 아니라 빈티지 도어,
타일 등 다양한 용품 판매
서울시 강남구 학동로 26길 14
02.3444.4366

Cafe ando

시간을 잊은 빈티지 여행, **카페 안도**

성북동의 조용한 주택가로 천천히 올라가다 보면, 뜻하지 않게 발견한 보물처럼 카페 안도를 만나게 된다. 날것 그대로의 감성으로 가득한 미지의 공간. 카페 안도에서는 모든 것을 내려놓고 상상 속으로 떠나는 착각에 빠져도 좋을 것이다. 안도라는 이름에서 노출 콘크리트로 유명한 일본의 건축가를 떠올리는 이들도 있을 것이다. 그러나 안도는 마음을 편안히 내려놓고 머무른다는 안도(安堵)를 의미하는 곳이다. 이곳은 어떤 시간에 어느 누구와 찾는다고 해도 비슷한 분위기를 뿜어낸다. 오랜 세월을 머금은 가구들은 한순간 시간을 멈춰 버리고, 잉글랜드의 오래된 성이나 동유럽의 웅장한 궁전으로 슬며시 이끈다. 바쁜 일상에서 벗어나 지금이 몇 시인지, 어디에 있는지, 무엇을 해야 할지 잊고 싶을 때가 있다. 카페 안도에서는 누구나 시간과 공간을 잊게 될 것이다.

Shop info

인기 메뉴로 꼽히는 빵과 양송이를 곁들인 크림치즈 퐁듀와 따뜻한 초콜릿을 담은 퐁당 쇼콜라. 직접 맛을 보니 입에 감기는 맛이 매력적이다. 수십 년 전에 벨기에에 놓여 있던 의자에 앉아 벨기에식 쇼콜라를 맛보는 건 우리가 누릴 수 있는 멋진 사치다. 카페 안도의 모든 물건은 ando.or.kr에 들어가면 살 수 있으니 참고하자.

>> 주소 서울시 용산구 이태원로 216
(최근 성북동에서 이태원으로 이전한 카페 안도.
본서는 이전 매장의 모습을 수록하였다)
>> 문의 02.2231.7203

Cafe
Style 04

01 오버 사이즈의 쿠션과 심플한 나무 테이블을 놓은 안도의 2층. 뒤쪽에는 커다란 플로어 스탠드를 세우고,
세월의 흐름에 따라 자연스럽게 칠이 벗겨진 듯한 체스트를 함께 놓아 멋을 더했다.

소품을 돋보이게 하는 빈티지한 마감

지하와 1층, 2층, 게다가 정원까지, 카페 안도는 크고 오래된 성을 연상시킨다. 성 안은 성문 밖과는 완전히 다른 세상이다. 카페 안도의 가구와 조명은 물론 시계나 쿠션, 액자, 테이블에 놓인 작은 유리병 하나까지도 20세기 프랑스와 벨기에, 영국 등 유럽 각지에서 온 오리지널 빈티지 아이템들이다. 빈티지를 유독 사랑하는 이들이 있기는 하지만 안도의 빈티지 사랑은 남다르다. 낡은 파이프 램프나 20세기의 유물이 되어버린 Alsthom 기차에서 떼어낸 주물과 촛대 등 아이템의 종류와 스타일이 굉장히 방대하다.

HOME STYLING IDEA 1 여기에 소품들을 특별하게 느끼도록 만들어주는 빈티지한 마감도 한 몫을 하고 있다. 벽돌과 회벽으로 감싸인 이곳은 톤 다운된 컬러가 주는 안정감이 오래전 그때를 기억하게 한다. 그러면서도 가끔 빈티지한 가구들로 가득한 곳에서 느껴지는 낯설고 어색한, 혹은 쾨쾨한 분위기는 어디서도 찾을 수 없다. 커다란 오버사이즈의 쿠션이 놓여진 소파 뒤쪽에는 오래된 문이 슬쩍 벽에 기대어 있고, 경첩이 그대로 달려 있는 네 개의 문짝은 누군가의 집으로 들어온 듯한 편안함을 느끼게 해준다. 창문 밖으로는 나뭇가지만 살며시 바람에 흔들리고, 오래된 낡은 책과 서랍장까지 놓여 있으니, 이곳은 더할 나위 없이 자연스럽게 누군가의 거실이 된다. 그대로 떼어 우리 집의 거실로 옮겨 놓고 싶은 매력적인 조합이다.

2	3

02 테이블과 의자뿐 아니라 곳곳에 놓인 조명과 소품, 액자, 앤틱한 마루 등이 서로 어우러져 빈티지한 분위기를 완성했다.
03 따뜻한 느낌의 조명과 낡은 가구들이 마치 누군가의 집에 놀러 온 듯 편안한 느낌을 준다.

04 거울은 벽에 특별한 분위기와 멋을 더하는 데 좋은 소품이라는 것을 알려주는 안도.
05 카페 한편에 마련된 빈티지한 테이블에는 다양한 빈티지 소품들이 놓여 있다. 빈티지한 스타일링은 이곳처럼 낡은 철제 램프와 지구본, 고풍스러운 유리병 등 간단한 소품으로 시작해보자.

예기치 못한 곳에서 빛을 발하는 빈티지

카페 안도는 좋아하는 것들을 나누려는 마음이 넉넉한 이들이 만든 곳이다. 누구든 쉽게 다가와 함께 즐기며 시간과 공간을 공유하겠다는 이들의 마음 덕분에 우리는 카페 안도에서 고요한 순간들을 보낼 수 있게 되었다.

HOME STYLING IDEA 2·3 사람의 마음을 끌어당기는 건, 익숙한 것들을 조금 바꾸어 위트를 얹을 때 일어난다. 그냥 지나치던 것들 사이에서 생각하지 못했던 조합을 만나거나 예상하지 못한 곳에서 우연히 마주쳤을 때, 사람들은 한 번 더 돌아보고 기억하게 된다. 카페 안도에서는 예기치 못한 곳에서 빛을 발하는 것들을 자주 목격하게 된다. 거울은 액자처럼 한쪽 벽면을 장식하고 곳곳에서 정리되어 있어야 할 것만 같은 책, 주방도구들이 버젓이 소품처럼 스타일링되어 있다. 벽에는 묵직한 잠금쇠가 걸려 있는 컨테이너의 문이 달려 있고, 천장에는 철도역에서 보던 시계가 매달려 있다. 클래식한 형태의 암체어는 곡식을 담아두던 포대로 감싸여 있고, 철제 코트 행거 위에는 세계 각국을 돌아다녔을 것만 같은 낡은 트렁크가 놓여 있다. 이처럼 예기치 못한 곳에서 만나게 된 오브제들이 각인되어 이곳을 오래 기억하고 다시 찾게 되는 것인지도 모른다.

이제 막 빈티지의 멋을 어렴풋이 이해하기 시작했다면, 본격적인 공부는 카페 안도에서 시작하는 것이 좋다. 빈티지의 진짜 매력을 아는 사람이 만든 이곳은 빈티지의 아주 좋은 선생님이 되어 줄 것이다.

EPISODE2

0410-2010

dB/Hz DOLBY C
DOLBY B
OFF
NR SYSTEM

0619SC
0529LJ
ISA/5812
SH1023BB
60.3B A52

GL
Certified

SINGAMAS

06 묵직한 자물쇠가 걸려 있는 컨테이너의 문은 이곳을 더욱 특별하게 느끼도록 만들어준다.

HOME
STYLING
IDEA1

43p

빈티지한 벽면 만들기

벽돌이나 그레이 컬러의 어두운 벽면은 빈티지한 분위기를 내기에 좋다. 최근에는 거실의 한쪽 벽면을 노출 콘크리트 느낌이 나는 우드 타일이나 거친 느낌의 시멘트 타일을 사용해 마감한 집들도 늘어나고 있다. 페인트 느낌이 나는 벽지나 광택이 없는 매트한 벽지를 사용해도 빈티지한 느낌을 주는 데 효과적이다. 만약 파벽돌을 시공하고 싶다면 타일 본드를 사용해 파벽돌을 벽면에 부착한 후 희석시킨 줄눈용 타일 시멘트를 사용해 마감한다. 완전히 굳은 후 붓으로 살살 털어내 남아 있는 먼지를 청소한다.
빈티지 우드 패널이나 부식 철판 등을 활용하는 것도 좋다. 빈티지한 다양한 마감재에 대한 정보나 셀프 인테리어 사례는 빈티지 웍스(cafe.naver.com/vintageworks)를 참고하자.

HOME
STYLING
IDEA2

44p

거울을 액자처럼 활용하기

카페 안도는 앤틱한 프레임의 작은 거울을 벽면에 늘어놓아 밋밋한 벽면에 새로운 활력을 주었다. 이처럼 거울은 실용적인 용도뿐 아니라 장식적으로도 훌륭한 오브제가 될 수 있다. 크기가 서로 다른 거울을 벽면에 늘어놓으면 별다른 장식 없이도 멋진 공간이 만들어진다. 앤틱한 액자라면 크기가 작은 것을 여러 개 사용해도 좋고, 나뭇가지가 둘러진 내추럴한 액자라면 같은 컬러나 소재를 지닌 콘솔이나 서랍장 위쪽에 놓아두는 게 멋스럽다. 심플한 원목 거울은 세덱(sedec.kr)이나 카레(kare-korea.com)에서 구매할 수 있다.
최근 유행하는 우아한 문양이 더해진 베네치안 스타일의 거울을 놓아두면 장식적인 효과를 배가시킬 수 있다. 지나치게 컬러가 화려한 제품보다는 실버나 블랙 등 단일 컬러를 선택하는 것이 좋다.

카페 안도는 커다란 빈티지 쇼룸과도 같다. 소품과 가구를 함께 연출하는 방법이나,
빈티지 아이템을 아주 특별한 오브제로 만들어 주는 비법이 카페 안도에는 가득하다.

HOME
STYLING
IDEA3

보이도록 수납하는 방법

카페 안도의 빈티지한 매력은 독특한 마감과 다양한 소품의 적절한 매치에
있다. 빈티지한 소품을 적재적소에 놓아두는 것만으로도 멋진 빈티지 스타일
링이 가능하다. 수납이란 안 보이는 곳에 보기 싫은 것들을 넣어두는 것이다.
하지만 최근에는 주방의 프라이팬도 매달아두고, 책들도 책상 위나 의자 위,
보이는 곳에 놓아둔다. 보이게 수납하는 것이 멋질 수 있다는 것을 경험을 통
해 배우고 있기 때문이다. 이럴 때 가장 중요한 것은 자연스러움. 카페 안도
의 얘기를 해보자. 수납장 위에 앤틱한 소품과 액자, 조명, 오래된 책 몇 권이
놓여져 있다. 북 앤드로 책들을 세워두고 막아두는 것이 아니라 슬쩍 눕혀 놓
거나 금방 누군가가 꺼내어 읽은 것처럼 자연스럽게 쌓아 올렸다. 뿐만 아니
라 오래된 트렁크를 두 개쯤 포개어 놓고, 그 위에 스탠드를 세워둔다. 이렇
게 놓인 가구와 소품들은 공간에 그대로 녹아들어 낡은 한 장의 사진처럼 공
간에 여유를 준다. 카페 안도가 운영하는 빈티지 샵에서는 다양한 빈티지 소
품들을 구매할 수 있다. 하지만 가장 중요한 것은 아주 천천히 진행하는 것이
다. 빈티지한 느낌으로 조금씩 공간을 물들이도록 한쪽에 놓을 수 있는 체스
트나 침대 옆의 작은 의자, 소파 옆에 놓아 둘 스탠드부터 시작하자.

02

몸에 딱 들어맞는 옷처럼 편안한 가구부터 어떤 음식을 올려놓아도 특별한 케이터링 서비스를 받은 것처럼 아름다운 테이블웨어까지. 도무지 질릴 것 같지 않은 심플하고 세련된 북유럽 스타일은 많은 이들이 사랑하는 워너비 스타일로 인기를 누리고 있다. 하지만 막상 북유럽 스타일로 집을 꾸미려고 생각하면, 어디서부터 어떻게 시작해야 할지 선뜻 답이 떠오르지 않는다. 북유럽의 집을 그대로 옮겨놓은 듯한 카페에서라면 북유럽 스타일에 대한 친절한 해설서를 얻을 수 있다.

카페 스타일의
유니크한 월데코

SCAND**I**N**A**VIAN

스칸디나비안 스타일 인테리어

선반을 활용한
북유럽 주방

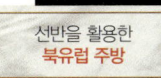

북유럽 스타일의
에그 체어

5OIJUNG

북유럽의 홈 카페, **오시정**

일조량이 적고 긴 겨울을 지내야 하는 북유럽 사람들은 집 안에서 많은 시간을
보낸다. 그들은 오랜 세월 추위를 견뎌낸 견고한 나무로 오랫동안 앉아 있어도
편안한 의자와 단순한 형태의 견고한 가구를 만들어 냈다. 오시정에서 어딘지
모를 따뜻함을 느꼈다면 이곳이 북유럽의 소박한 매력을 담고 있기 때문이다.
'다섯 편의 시를 쓰는 마음'이라는 낭만적인 이름의 오시정은 차를 마시며 그림
을 감상할 수 있도록 만들어진 곳이다. 오시정의 문을 열고 들어서면 밝은 색감
의 나무와 삼각형 모양의 지붕이 우리를 반기는데, 북유럽 집의 따뜻함과 소박
함이 그대로 느껴져, 갈 때마다 꽤 오랫동안 머무르게 된다. 그리 넓지 않은 공간
이지만 전체적으로 밝은 나무를 사용해 꽤 넓어 보일 뿐 아니라 심플한 형태의
가구들은 오래 앉아 있어도 불편하지 않다. 오시정은 북유럽 스타일로 공간을
꾸미는 데 좋은 참고서가 된다.

Shop info

오시정에서는 직접 만드는 홈메이드 스타일의 요리와 음료를 만날
수 있다. 모든 음료에는 하루에 열 번씩 굽는 홈메이드 스콘이 제공
된다. '어젯밤 과음하셨을 때는' 레몬 무 홍시, '천연 피로회복제' 수삼
우유, '뽀빠이도 반한 맛' 시금치 우유 등 독특한 설명이 붙은 오가닉
메뉴들은 이곳만의 특별함을 더해준다.

>> 주소 서울시 종로구 삼청로 75-8
>> 문의 02.730.2008

Cafe
Style 05

01 등받이가 휘어진 낮고 편안한 의자와 나뭇결이 살아 있는 테이블이 정갈하게 놓인 매장의 전경. 박공형태의 지붕과 어우러져 편안한 분위기를 더했다.

02 전체적으로 조금씩 다른 의자들을 배치해 공간에 활력을 더했다. 특히 중앙에 있는 둥글게 마감된 테이블과 둥근 등받이의 의자세트는 의자를 안쪽으로 밀어 넣었을 때 완벽하게 한 덩어리로 보인다.

1

2

소박하면서도 세련된 북유럽 가구의 매력

별다를 것 없어 보이는 소박한 가구들만으로도 충분히 북유럽의 따뜻한 느낌을 받게 되는 이유는 뭘까? 오랜 시간을 집에서 보내는 북유럽 사람들에게는 편안한 가구가 가장 멋진 가구라는 절대적인 믿음이 있다. 그래서 북유럽 가구는 사람의 몸에 대해 많은 시간 연구하고 가장 편안한 디자인을 만들기 위해 노력해왔다. 고가의 명품이 아니어도 앉았을 때 편안하고 실용적인 북유럽 가구의 매력을 오시정에서도 그대로 느낄 수 있다. 몸에 착 감기는 등받이가 부드럽게 휘어진 낮고 편안한 의자, 나무결이 살아 있는 테이블과 소박한 컬러가 돋보이는 패브릭 등은 이곳을 찾은 사람들의 마음을 차분하게 만들어준다.

북유럽 스타일을 연출할 때 가장 쉽게 빠지는 함정은 바로 가구만으로 스타일이 완성되기를 바란다는 것이다. 그러나 기대와는 다르게 가구만으로는 원하는 만큼의 효과를 보기 어렵다. **HOME STYLING IDEA 1** 자세히 들여다보면 오시정의 의자들은 그 모양이 조금씩 다르고, 시트에 올려놓은 쿠션의 컬러도 조금씩 다르다. 이렇게 짝이 맞지 않는 의자 덕분에 공간에 활력이 넘치고 세련된 느낌이 더해지는 것이다.

이곳을 찾을 때마다 어딘지 익숙하지만 전혀 지루하지 않은 느낌을 받게 되는 것도 모두 오시정의 이런 영리한 선택 덕분이다. 게다가 오시정의 가구들은 공간을 압도하는 부담스러운 느낌이 전혀 없다. 오히려 공간에 조용히 스며들어 있는 느낌인데, 모두 바닥의 나무와 비슷한 밝고 차분한 컬러를 선택했기 때문이다. 스타일을 완성하는 데 똑똑한 가구 선택이 중요한 이유이다.

03 작은 펜던트 조명과 나무 창틀이 더해져 소박하고 안락한 분위기를 더한다.
창틀 아래 일본풍의 작고 슬림한 의자와 테이블을 놓으니 더욱 아늑하게 느껴진다.

조명과 선반으로 완성된 북유럽 스타일

오시정은 삼각형의 지붕 모양으로 공간이 나뉜 것 이외에는 특별히 막혀 있는 곳이 없다. 하지만 이곳에 있으면 어딘지 모르게 조용히 나만의 시간을 보내고 있다는 느낌을 받게 된다. 그 비결은 창가를 향해 있는 테이블과 의자, 그리고 길게 드리워진 펜던트 조명에 있다.

HOME STYLING IDEA 2 눈높이까지 낮게 내려온 펜던트 조명은 머리 위에서 빛을 비출 때보다 더욱 아늑하고 은은한 분위기를 만들어 낸다. 그리고 나무로 만든 창틀은 조금 떨어진 곳에서 보면 마치 커다란 나무 액자처럼 보인다. 나무 창틀이 그 자체로도 훌륭한 인테리어 역할을 해 준 덕분에 창문 아래에 낮은 책상과 의자를 놓아 둔 것만으로도 혼자서 책 읽기 좋은 나만의 공간이 만들어지는 것이다.

오시정 곳곳에는 꽤 많은 소품들이 놓여 있다. 스타일과 모양이 모두 제각각이지만 복잡하다는 느낌은 들지 않는다. 작은 소품들을 올려놓은 밝은 컬러의 나무 선반 덕분이다.

HOME STYLING IDEA 3 이들의 똑똑한 선반 활용법을 가장 잘 보여주는 공간은 바로 카페 한켠에 마련된 주방 공간. 다양한 북유럽 스타일의 테이블 웨어들로 가득한 이 공간의 주인은 바로 선반이다. 보통 사용하지 않는 물건들을 모두 담아 둘 수 있는 무거운 상부장이 있어야 할 자리에 다양한 크기의 나무 선반을 놓으니, 그동안 무심코 지나쳤던 주방 소품들이 꽤 근사한 데코레이션 아이템으로 바뀐다.

04 안쪽의 유리창에서 내다본 공간. 마치 커다란 액자 속 그림을 보는 것처럼 정적인 분위기가 느껴진다.
05 창가 아래쪽에 길이를 맞춘 테이블을 놓고 의자를 놓아 햇빛을 충분히 받으며 한가로운 오후를 즐길 수 있도록 만들었다.

53p

HOME STYLING IDEA1

카페 스타일 의자 고르는 법

카페에서는 테이블마다 똑같은 의자를 놓지 않고 서로 다른 컬러와 형태의 의자를 함께 놓아두는 경우가 많다. 이를 참고하길. 같은 의자가 아니라 서로 다른 스타일을 믹스하면 한결 새롭게 보인다. 주의할 점은 소재는 비슷하게 선택하되, 컬러나 형태가 다른 제품을 선택하는 게 좋다는 것. 비슷한 컬러의 톤온톤 제품을 선택하거나 상반되는 컬러를 사용해 각각의 채도를 더욱 선명하고 멋지게 보이도록 강조해주는 보색대비를 활용하는 게 좋다.

>> Styling tip

1 유명 디자이너의 디자인을 참고해 선택하면 실패할 확률이 낮아진다. 의자를 골랐다면 여기에 나무 테이블과 손글씨로 솜씨를 낸 예쁜 칠판, 소박한 펜던트 조명을 더하자. 카페 분위기를 위한 최상의 조합이 완성된다.
2 만약 같은 디자인의 의자들이라면, 쿠션이나 등받이의 컬러를 바꿔주는 것도 좋은 방법. 다양한 패브릭과 장식용 부자재는 동대문종합시장을 추천한다. 원하는 원단을 고르고 지하 1층에 공임을 맡기면 금세 멋진 쿠션을 아주 저렴한 가격에 만들 수 있다. 펠트부터 린넨까지 원단의 종류가 어마어마하니, 미리 눈여겨 봐둔 원단 중심으로 둘러보는 것이 좋다.

스칸디나비안 스타일의 가구를 살 수 있는 온라인샵

매스티지데코
mastideco.co.kr

인디테일
indetail.co.kr

더쿠모스탁
thekumostock.com

바이헤이데이
byheydey.com

모벨랩
mobellab.com

에이후스
a-hus.co.kr

리모드
remod.co.kr

라테타운
elattetown.co.kr

아이네클라이네
lee_srok.blog.me

디자인와츠
cafe.naver.com/designwatts/

덴스크
dansk.co.kr

카페에서 보던 멋진 의자와 테이블을 힘들게 찾아내 스타일링해보아도 우리 집은 도무지 근사한 카페처럼
보이지 않는다. 왜 그럴까? 카페에서 찾아낸 북유럽 스타일의 노하우를 우리 집에 이렇게 활용해 보자.

HOME STYLING IDEA2

좁은 자투리 공간이 근사한 북카페로

나만의 작은 북카페를 만들고 싶은데, 여유 공간이 별로 없다면, 창밖을 바라
보면서 차를 마시거나 책을 읽도록 만든 오시정의 테이블을 기억하길. 창문
아래 공간을 조금만 활용하면 근사한 나만의 북카페가 탄생한다. 특히 침실
에 여유 공간이 없다면 폭이 좁은 테이블을 선택하고, 책 몇 권이나 머그컵만
가볍게 올려놓고 사용하자. 원한다면 테이블 대신 선반을 활용하는 것도 좋
은 방법이다. 혹은 작은 의자 위에 책을 쌓아두고, 마주보는 곳에 의자만 놓
아두어도 근사한 북카페 분위기를 낼 수 있다.

북카페를 위한 공간 찾기

침실 창문 아래에 폭이 좁은 테이블을 놓고 작은 펜던트 조명을 달거나, 보기
싫던 짐으로 가득한 베란다에 작은 책상이나 의자를 놓고 그 위에 빈티지한
느낌의 스탠드 조명을 올려놓으면 버려졌던 공간이 북카페로 재탄생한다.

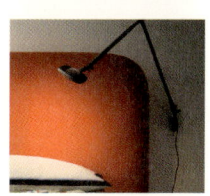

분위기 있는 펜던트 조명 달기

기존에 조명이 있던 장소라면 직접 펜던트 조명을 쉽게 달 수 있다. 기존 조
명을 떼어내면 전선이 두 가닥 보인다.(두 전선이 맞닿으면 스파크가 생길 수
있으니 주의) 새로 구매한 조명의 피복을 벗기고 절연 테이프로 감싸 연결하
면 된다. 보통 집게 형태의 커넥터가 달려 있어 꽂아주기만 하면 되는 똑똑한
제품도 많다.

>> Styling tip

1 펜던트 조명 몇 개를 나란히 연결해 시리즈 형태로 달아주면 멋스럽게 연출할 수 있다. 이럴
때는 조금 사이즈가 작고 모던한 형태를 선택해 식탁을 따라 길게 늘어뜨리는 게 좋으며, 높
낮이를 다르게 해 리드미컬하게 보이게 하는 것도 좋다.
2 층고가 낮다면 갓의 크기가 너무 크지 않은 것을 선택해야 공간이 넓어 보인다. 또한, 직접
적으로 전구가 노출되면 눈이 쉽게 피로해질 수 있으니 갓 안쪽으로 반사되는 빛을 바라볼 수
있는 제품을 선택한다.

In my home

HOME STYLING IDEA3

선반으로 벽면 활용하기

선반은 벽면을 활용해 수납하는 좋은 방법이며 공간에 활력을 더하는 중요한 역할도 한다. 카페의 벽면이 온갖 제품들로 가득한 데는 모두 이유가 있다는 의미. 특히 카페의 선반 활용법을 눈여겨보자. 다양한 소품들로 장식된 선반은 집주인의 취향이 드러나는 아주 중요한 오브제가 된다.

무지주 선반 달기

선반을 걸어두는 지지대가 보이지 않는 무지주 선반은 인테리어 효과가 좋다. (하중에 한계가 있으므로 주의) 석고보드 벽면에 고정할 경우는 석고보드용 앵커와 나사못이 필요하다. 일반 아파트와 주택의 경우 90% 이상이 콘크리트 벽면이다. 단, 주상복합 건물의 경우는 석고보드로 마감된 경우가 종종 있다. 간단히 알아볼 방법은 두드렸을 때, '통통' 소리가 나며 속이 빈 느낌이라면 석고보드 마감이라고 생각하면 된다.

>> Styling tip

1 무지주 선반을 구매할 수 있는 곳 중에서는 친환경 선반을 주로 생산하고 있는 엘름(ellm. co.kr)을 추천. 신촌과 관악, 대구 달서구에 전시장이 있으며 한 번쯤 직접 가본다면 스타일링에 많은 도움을 받을 수 있을 것이다.
2 선반을 복도에 사용하면 커다란 액자를 걸어둔 것 이상으로 집이 훨씬 다이나믹하게 느껴진다. 복도에 선반을 달고 소품을 늘어놓은 후 아래쪽에 작은 의자를 놓아두면 그것만으로도 훌륭한 인테리어가 완성된다. 혹은 선반 아래쪽에 액자를 세워두는 것도 특별한 인테리어가 된다.

선반 위 데커레이션 하기

선반은 그 위에 어떤 것을 올려놓느냐에 따라 다양한 느낌을 줄 수 있다. 보통 작은 액자를 올려놓는 경우가 많은데, 겨울철에는 따뜻한 느낌의 작은 쿠션이나 천을 늘어뜨려 두어도 좋고, 여름에는 시원한 느낌을 주는 유리병을 세워두어도 좋다. 혹은 색색의 예쁘고 작은 쇼핑백을 놓아두어도 근사한 인테리어가 완성된다. 아이디어는 무궁무진하니 집안의 전체적인 분위기를 고려해 다양한 아이템을 계절에 따라 바꿔가며 놓아보자.

>> Styling tip

1 선반은 부담스럽고, 좀 더 색다른 분위기를 원한다면 아주 좁은 몰딩을 선반 대신 사용하는 것도 좋다. 작은 몰딩 선반 위에 액자나 액세서리만 올려놓아도 벽면의 분위기가 완전히 달라진다. 모던한 형태보다는 클래식한 형태를 선택하는 것이 카페 스타일의 핵심

2 선반에는 그동안 꽁꽁 숨겨 놓았던 예쁜 패턴의 컵과 그릇들을 올려놓고 여기에 북유럽 스타일의 그림이 그려진 테이블 매트를 슬쩍 걸어두면 근사한 스칸디나비안 스타일 완성된다.

Grafolio

일본식 스칸디나비안 스타일, **그라폴리오**

스칸디나비안 스타일에 가장 열광하는 곳은 핀란드나 덴마크가 아니라 바로 일본이다. 일본이 스칸디나비안 스타일에 애정을 보이는 이유는 장인정신과 나무를 사랑하는 민족성이 큰 역할을 한다. 심지어 일본사람들은 북유럽 디자인을 좀 더 작고 몸에 착 감기는 일본식 스타일로 발전시키기까지 했다. 그라폴리오에는 바로 이러한 일본식 북유럽 가구들과 소품들로 가득하다. 이곳 가구들의 크기는 조금 작고 낮다. 몸의 곡선을 따라 부드럽게 휘어지는 등받이에 몸을 기대면 스르르 잠이 오는 것만 같다. 이렇듯 그라폴리오의 가구들은 소박하지만 참 편안하다. 그리고 이 소박한 가구들은 그라폴리오를 가득 메운 다양한 소품과도, 벽에 걸린 독특한 아트워크와도 썩 잘 어울린다.

Shop info

그라폴리오에서는 컨츄리앤하우스의 아기자기한 리빙 소품들과 아트 작가들의 작품을 만날 수 있다. 물론 〈카모메 식당〉에 등장한 쇼가야키 덮밥이나 생강향 닭고기 덮밥 등 일본식 가정요리도 맛볼 수 있으니 꼭 들러보길

>> **주소** 서울시 마포구 독막로 19길 42-22
>> **문의** 02.326.5393

01 벽면을 가득 메운 그림과 아트워크는 이곳을 특별하게 만드는 요소.
레일에 와이어를 사용해 액자를 매달아 갤러리와 같은 정갈한 분위기를 더했다.
02 작은 유리 정원에 들어선 듯한 공간으로 빈티지풍의 의자들과
작은 식물들이 어우러져 편안하고 세련된 분위기가 느껴진다.

젊은 예술가들을 만날 수 있는 월 데코

그라폴리오에서 만날 수 있는 일본풍의 소박한 가구들은 집처럼 편안한 느낌이 어떤 것인지 알려준다. 하지만 이곳이 특별한 이유는 소박한 가구들이 독특한 감성의 그림이나 아트워크와 자연스럽게 어우러진다는 점이다.

기억해야 할 것 중의 하나는 이곳이 젊은 예술가들을 위한 놀이터라는 점이다. 그라폴리오는 디자이너의 작품을 공유하는 웹 사이트인 Grafolio가 그 출발점이다. 젊은 디자이너들이 자유롭게 놀 수 있도록 마련된 공간인 만큼 그라폴리오에서 가장 눈에 띄는 것은 바로 벽면을 가득 메운 그림과 아트워크들이다. **HOME STYLING IDEA 1** 그라폴리오는 벽면을 따라 레일을 달고 와이어로 그림을 매달았다. 와이어를 사용하면 벽에 못질을 하지 않아도 될 뿐 아니라 그림의 크기에 따라 높이나 위치를 쉽게 바꿀 수 있어 실용적이다. 특히 매번 작가가 바뀌는 그라폴리오에서는 와이어가 제 몫을 톡톡히 한다.

HOME STYLING IDEA 2 또한 벽에 가득한 그래픽 일러스트는 간단히 벽에 붙이는 것만으로도 색다른 분위기를 연출한다. 커다란 벽을 스케치북 삼아 초원을 뛰어 놀던 사슴이나 커다란 나무를 집 안으로 들여놓기도 하고, 위트 넘치는 그래픽으로 공간을 변화시킬 수도 있다. 이렇듯 과감한 일러스트의 사용은 뭔가 즐겁고 재미있는 것들로 가득 차 있을 것만 같은 기대를 품게 한다.

03 다양한 북유럽 식기들과 소품들이 전시된 공간. 수납장 위에 선반을 놓고
식기장인 펜트리처럼 활용한 것으로 예쁜 그릇들은 그 자체로 좋은
인테리어 소품이 될 수 있다는 것을 보여준다.

아기자기한 주방 소품이 돋보이는 주방

그라폴리오에서 기억해야 할 것이 하나 더 있다. 바로 이곳이 일본의 다양한 리빙 소품을 판매하는 컨츄리앤하우스의 쇼룸이라는 점. 그라폴리오의 한켠에는 작은 주방이 마련되어 있다. 이곳에는 흔히 식기장이라 불리는 펜트리와 흰색 타일을 사용한 커다란 아일랜드 식탁이 놓여 있는데, 펜트리의 선반은 물론 아일랜드 식탁의 위쪽과 아래의 수납 공간 모두 다양한 주방 소품들로 넘쳐난다. 그런데 신기한 건, 전혀 복잡해 보이지 않는다는 점이다. 그 이유는 무질서해 보이는 이곳의 소품들이 사실은 비슷한 크기와 컬러로 적당히 분류되어 적재적소에 놓여 있기 때문이다. 이렇듯 그라폴리오에서는 주방 소품을 어떻게 활용하는가에 대한 좋은 해설서를 만날 수 있다. 상부장 대신 예쁜 그릇을 올려놓는 선반이나 공간 박스를 사용하는 것도 그라폴리오에서 얻을 수 있는 좋은 힌트이다. 선반은 원하는 형태로 쉽게 공간을 변형시킬 수 있고, 탁 트인 시야 덕분에 주방이 훨씬 더 넓어진다. **HOME STYLING IDEA 3** 그리고 여기에 펜트리와 같은 식기장을 함께 놓아두면 좀 더 아기자기하고 감성적인 주방이 완성된다.

04 아일랜드 식탁 아래쪽에는 수납공간을 만들어 다양한 소품들을 넣어두었다.

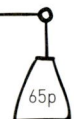

65p

HOME STYLING IDEA1

그림으로 바뀌는 집안 풍경

매달 서로 다른 작가의 그림이나 사진을 걸어두는 그라폴리오에서는 천장에 레일을 달고, 와이어를 사용해 고정한다. 흔히 갤러리에서 볼 수 있는 이러한 방식은 원하는 높이로 그림을 달거나 크기에 맞춰 자리를 이동할 수도 있어 꽤 유용하다. 집안에 아이가 없다면 그림을 걸어두는 대신 바닥에 세워놓거나 의자에 올려두는 것도 멋진 스타일링 포인트가 된다는 것을 잊지 말자.

와이어 걸이

와이어에는 천장이나 벽에 직접 고정하는 형태와 천장이나 벽면에 레일을 부착하고 여기에 와이어 걸이를 사용해 부착하는 형태로 나뉜다. 와이어 고리는 대부분 3천 원 내외이며, 레일은 2m에 3천 원 정도. 고정형과 달리 레일형의 경우 천장용은 중간에 레일을 끼우는 게 불가능하니, 미리 와이어의 개수 등을 정하는 게 좋다. 보통 2~3kg 정도의 하중을 견디니 그림의 크기나 무게를 반드시 고려하자.

>> Styling tip

1 그림들을 가장 돋보이게 하기 위해서는 벽면은 화이트 컬러로 남겨두는 것이 좋다. 또한, 그림을 강조하는 핀 조명을 함께 설치하면 훨씬 멋진 공간이 완성된다.
2 고가의 그림을 사는 것이 부담스럽다면, 그림 대신 사진이나 잡지를 스크랩해 걸어두는 것도 좋다.
3 마음에 드는 커다란 그림 한 개를 스타일링하는 것도 좋지만 때로는 공간에 따라 여러 개의 작은 그림을 나란히 연결해 놓았을 때 훨씬 세련되어 보이기도 한다.

밋밋한 벽으로 둘러싸인 집이 멋진 갤러리로 바뀐다. 그라폴리오가 가르쳐주는
월 데코 비법이라면 충분히 가능한 얘기다. 그리고 주방을 바꾸는 비법까지 함께 담았다.

**HOME
STYLING
IDEA2**

카페 스타일의 월 데코

그림이나 액자 외에도 벽면을 다양한 형태로 장식하는 방법들이 많다. 월 데코
의 붐이 일고 있는 것. 최근 카페 스타일의 월 데코로 가장 사랑 받는 것은 일
러스트이다.

알파벳 이니셜이나 글자들로 시선을 사로잡는 공간 만들기

좋아하는 글자나 의미가 있는 이니셜을 그림엽서, 사진, 독특한 오브제와 혼
합해 나만의 벽면을 만들어도 좋다. 빈티지 문자 장식은 이태원 앤티크 샵에
서 살 수 있다.

179deco
179deco.com

알루이
alluy.co.kr

디자인 일상
ilsang.co.kr

루밍
rooming.co.kr

레이블록
layblock.co.kr

디자인 스티커 활용하기

다양한 디자인의 그래픽 스티커를 활용하는 이들이 많다. 마음에 드는 문양
을 골라 벽면을 개성적으로 연출할 수 있기 때문, 가격도 저렴하고 종류가 다
양해 활용도가 높다. 최근에는 입체 스티커까지 출시되었다. 못 자국을 막아
주는 나뭇잎 모양 스티커나 벽에 진짜 나비가 앉은 듯한 입체적인 스티커는
특별한 공간 포인트가 될 것이다.

67p

HOME
STYLING
IDEA3

카페 스타일의 주방 만들기

예쁜 그릇이나 주방 도구들을 감추지 말고 드러내는 것이 카페스타일의 핵심
이다. 상부장을 과감히 없애고 선반을 설치하거나 펜트리를 주방의 빈 공간
에 넣어두면 물건을 찾기 쉽다. 여기에 컬러나 진열 높이를 다양하게 배치하
면 주방의 분위기가 한층 색다르게 느껴진다.

상부장 대신 선반 활용하기

주방에 오픈 선반을 설치해 다양한 그릇과 주방 도구들을 진열해 놓으면 주
방이 훨씬 넓어진다. 선반의 아래쪽에는 와인선반을 달아 와인잔들을 걸어두
는 것도 공간 활용 팁. 물론 덜 매력적인 그릇이나 도구들은 아래쪽 칸막이에
보관해 두는 편이 좋다.

>> Styling tip

1 상부장은 이것저것 물건을 넣어두기 위해 많이 욕심을 내게 된다. 하지만 막상 사용하고 보
면 넣고 빼는 것도 쉽지 않고 점점 사용횟수가 줄어드는 게 사실. 상부장은 최대한 짧게 만드
는 게 좋다.
2 답답한 상부장 대신 선반이나 다양한 형태의 공간박스를 활용하는 것도 좋다. 원하는 형태
로 자유롭게 배치하여 마음에 드는 식기들을 올려놓으면 주방이 훨씬 넓고 아기자기해 보일
것이다.

주방을 바꾸는 펜트리

펜트리는 식료품 저장을 위한 수납장. 다양한 식재료들은 물론 소스들이나
오랫동안 보관하고 사용할 수 있는 저장식품 등을 보기 좋게 올려놓을 수
있다. 예쁘고 아기자기한 소스 병들을 늘어놓기만 해도 멋진 주방이 완성
된다.

>> Styling tip

펜트리에 글라인더 등 커피 관련 소품들을 올려두면 주방에서도 카페 느낌을 한껏 즐길 수
있다.

S+

아트가 된 가구를 만나는 곳, **에스플러스**

겉모습부터 남다른 포스를 풍기는 에스플러스는 건축가 황두진이 만든 레스토랑과 아트갤러리가 함께하는 복합문화공간이다. 에스플러스는 지하 1층부터 4층까지 다양한 목적에 충실한 공간으로 구성되어 있지만, 장식적인 요소는 최대한 배제하고 빈티지한 가구와 고급스러운 느낌의 원목을 사용한 덕분에 전체적으로는 여유롭고 흥미로운 공간이라는 느낌을 받게 된다.

단단히 둘러싸인 외관과 달리 안쪽은 따스하고 감성적이며 열린 공간이다. 차분한 컬러와 안정감 넘치는 가구부터, 부담스럽지 않은 소품까지 어느 것 하나 튀지 않고 제 몫을 다한다. 이렇게 다양한 공간이 저마다의 목소리를 내지 않고 하나로 이어지는 것이 얼마나 탁월한 재능을 요구하는지는 말할 필요도 없다.

Shop info

지하 1층부터 4층까지 쇼핑몰뿐 아니라 멋진 레스토랑까지 갖춘 복합문화 공간. 아이들의 옷부터 빈티지 가구까지 고를 수 있고, 국내외 유명 아티스트들의 작품도 함께 감상할 수 있다. 게다가 제철에 나는 신선한 유기농 식자재와 창의적인 레시피를 통하여 트렌디하고 감각적인 메뉴를 맛볼 수 있으니 에스플러스에서 누릴 수 있는 즐거움은 끝이 없다.

>> 주소 서울시 강남구 도산대로17길 34
>> 문의 02.543.6322

	1	
2	3	

01 이곳에서는 북유럽 가구를 함께 판매하고 있는데, 소파와 수납장, 책상 등 아이템이 다양하게 갖춰져 있다.
02 채도를 낮춘 벽면 마감과 나무의 아름다움이 그대로 드러난 바닥. 여기에 심플한 북유럽 의자와 테이블을 함께 놓아 완성한 세련된 공간.
03 좁고 길게 이어진 외부공간. 벽면을 따라 식물을 심고 작은 테이블을 놓아 도심 속 여유를 느낄 수 있다.

북유럽의 전설을 만나다

에스플러스를 설명하려면 우선 층별로 각각의 역할을 짚어봐야 한다. 지하 1층은 카페 분위기의 복합 KIDS 편집샵, 1층과 2층은 이탈리안 정통 레스토랑 꼴라 메르까토, 3층은 북유럽 빈티지 가구를 전시 판매하는 에스플러스 갤러리, 4층은 프라이빗한 파티와 커뮤니티가 가능한 꼴라 파르티토까지, 숨가쁘게 이어지는 각 층들은 꽤 공을 들인 흔적이 엿보인다.

먼저 에스플러스의 이탈리안 정통 레스토랑 꼴라 메르까토는 내추럴한 나무를 주로 사용한다. 같은 이름을 갖고 있기는 하지만 1층과 2층은 조금 다르다. 1층이 이탈리안 타파스를 즐길 수 있는 캐주얼한 공간에 초점을 맞췄다면, 2층은 중앙의 원목 테이블을 중심으로 전체적으로 조용히 음식을 즐길 수 있는 다이닝 공간에 초점이 맞춰져 있다. 서로 다른 성격을 지닌 공간이지만 어색하지 않게 연결될 수 있는 이유는 바로 북유럽 원목 가구의 세련된 느낌이 곳곳에 남아 있기 때문이다. 때로는 강렬한 컬러를 사용하기도 하고, 가죽이나 패브릭을 덧대기도 했지만 북유럽 가구가 주는 따뜻하고 내추럴한 느낌은 꼴라 메르까토의 곳곳을 조용히 감싸고 있다.

HOME STYLING IDEA 1 이곳의 가구들은 유명 디자이너의 작품과 국내 아티스트와의 콜라보레이션을 통해 자체 제작된 가구들이 자연스럽게 뒤섞여 있다. 세계적으로 디자인 가치를 인정받은 거장들의 오리지널 리미티드 에디션을 직접 눈으로 볼 수 있는 기회. 만약 잠깐 앉아볼 기회를 갖게 된다면, 아마도 그들이 왜 유명해졌는지를 이해할 수 있을 것이다.

04 긴 테이블과 나무 의자를 놓은 프라이빗한
다이닝 공간. 나무로 만들어진 심플한 형태의
북유럽 가구는 정중하고 세련된 분위기를
연출하기에 좋다.

북유럽의 교향악

다양한 공간으로 나뉜 에스플러스에는 과하거나 복잡한 데커레이션은 하나도 없다. 정갈하고 세련되며, 각각의 소품들이 저마다의 아우라를 지니고 있다. 캐나다 아티스트 빈센트 맥칸도의 그림과 레터링으로 채워진 벽면에서부터 테이블 위를 가득 메운 프랑스 핸드메이드 포슬린 브랜드인 쟈크 페르게이Jacques Pergay까지, 모두 집으로 그대로 가져오고 싶을 만큼 아름답다. 캐주얼한 분위기를 위해 놓인 컬러풀한 의자들도 자세히 들여다보면 꽤 다양한 컬러를 지녔지만, 손으로 직접 칠한 듯 군데군데 자연스럽게 벗겨져 있고 채도도 낮아 분위기를 해치지 않는다. 게다가 클래식하기 이를 데 없는 등받이와 둥근 시트는 레트로풍의 매력까지 담고 있다. 또한 탐 딕슨의 인더스트리얼한 조명이나 와인병을 활용한 조명 등 위트 넘치는 조명들 덕분에 공간이 좀 더 활기를 띠고 있다는 것도 기억할 만한 부분이다.

HOME STYLING IDEA 2 키즈 제품들을 구매할 수 있는 지하에서도 에스플러스만의 세련된 방식을 그대로 만날 수 있다. 나무가 주는 부드러운 감성은 아이 방을 꾸밀 때 참고하면 좋을 만한 팁이 될 듯. 원목 의자와 단단한 철제 옷걸이, 아이들의 눈높이에 맞춘 테이블과 서랍장에서 아이들을 대하는 북유럽의 따뜻한 감성이 전해진다.

<table>
<tr><td>5</td><td>6</td></tr>
</table>

05 키즈 제품을 구매할 수 있는 지하 공간. 이곳에서는 모든 것이 아이의 눈높이에 맞춰 구성되어 있다.
06 다양한 컬러의 의자를 함께 놓으면 경쾌한 분위기를 만드는 데 도움이 된다. 이때, 톤을 비슷하게 해야 한다는 것을 기억하자.

07 와인병을 활용한 위트 넘치는 조명과 그림으로 채워진 벽면

08 분위기를 해치지 않는 가구들과 적재적소에 사용된 조명

HOME STYLING IDEA1

스타일별 디자인 체어

카페에 놓인 의자들이 비슷해 보인다고? 카페의 의자들은 세계적인 디자이너들의 디자인을 본떠 만든 제품들이 많다. 20세기 초반부터 중후반까지 활발히 활동했던 세계적인 디자이너들은 세월이 많이 흐른 21세기에 봐도 전혀 손색이 없는 멋진 디자인을 내놓았다. 누가 디자인했는지, 의자의 이름은 뭔지, 묶었다. 아는 체를 해봐도 좋다. 아는 만큼 즐기게 된다는 걸 잊지 말자.

Arne Jacobjen   Charles Eames, Ray Earnes   Alvar Aalto

카페에서 만난 20세기 디자인 아이콘

20세기에 태어나 여전히 사랑받는 디자인 체어. 시간이 흐를수록 그 가치가 더욱 빛나며, 그 안에 현대 디자인의 역사가 담겨 있다. 컨템퍼러리한 디자인과 모던 클래식 디자인까지, 지난 200년간 발표된 20세기 디자이너들의 혼이 담긴 디자인 체어를 모았다.

1. Thonet Chair No.14, 1859

현존하는 가장 오래된 디자인 체어로 여전히 우아하고 매력적이다. 독특한 생산 방식을 적용해 각각의 부품들이 따로 포장되어 가격을 최대한 낮출 수 있었고 단순하고 겸손한 디자인으로 많은 사랑을 받았다. Design Michael Thonet

카페에 놓인 의자들에는 사실 이름이 붙어 있다. 임스 체어, 앤트 체어,
Y 체어 등 세계적인 거장 디자이너의 숨결이 담긴 의자들의 이름을 이제는 알고 부르자.

2. Paimio Armchair, 1931

금속이 아닌 나무를 현대적인 구조로 변형한 새로운 모던가구로 가장 잘 알려진 파이미오 의자. 모든 재료가 구부린 합판으로 되어 있으며 합판으로 인해 심리적 안정감과 건강에 도움을 준다고 한다.
Design Alvar Aalto

3. Standard Chair, 1934

표준 의자는 철로 만든 뒷다리 부분이 옆으로 퍼진 삼각형 모양을 하고 있는데 이러한 구조는 의자가 무게를 강하게 지탱하고 오래도록 튼튼하게 사용할 수 있도록 해준다. 이 구조를 활용해 대량생산에 성공했으며 테이블과 건물에까지 응용하였다.
Design Jean Prouve

4. Egg Chair, 1957

덴마크 코펜하겐의 SAS 로얄 호텔의 의뢰를 받아 제작된 이 의자는 껍질이 어느 정도 잘려나간 달걀과 비슷한 모양이라고 해서 '에그 체어'라는 이름이 붙여졌다. 머리 받침과 등받이, 좌판, 팔걸이가 유기적으로 연결되어 있으며, 몸을 편안하고 따뜻하게 감싸는 듯한 느낌이 든다. Design Arne Jacobsen

5. Ant Chair, 1952

특별할 것 없는 재료와 단순하고 아름다운 형태, 가벼운 무게, 쌓기에 용이함 등으로 인해 카페, 식당, 사무실, 회의실, 야외 등 장소를 가리지 않고 어떤 곳에서든 잘 어울리는 의자로 스테디 셀러가 되었다. Design Arne Jacobsen

6. Y Chair CH24, 1949

중국의 명나라 의자로부터 영향을 받은 이 의자의 특징은 등받이 역할을 하는 부분이 가는 활처럼 둥글게 휘어져 있다는 점이다. 면으로 꽉 찬 등받이 없이 얇고 둥그런 활 형태가 그 역할을 대신하기 때문에 우아함이 느껴진다. Design Hans J. Wagner

7. LCW의자, 1945

대량생산과 저렴한 가격대를 위한 합판을 소재로 한 제품으로 등받이와 좌판, 다리, 그리고 중심 틀을 따로 제작해 탄성고무로 연결시켜 하나의 의자로 완성했으며 대중적 인기를 누린 찰스 임스의 첫 작품. Design Charles Eames, Ray Eames

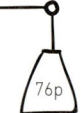

76p

HOME
STYLING
IDEA 2

스칸디맘의 북유럽식 아이 방 꾸미기

최근 북유럽 스타일뿐 아니라 북유럽식 육아가 큰 관심을 모으고 있다. 스칸디대디, 스칸디맘으로 불리는 이들의 육아법은 아이방 꾸미기에도 그대로 드러난다. 아이 방을 꾸밀 때 가장 신경 쓰는 부분은 물론 아이들의 건강이다. 최근에는 이런 부분에 꼼꼼히 신경 쓰는 부모들 덕분에 어느 정도 안심하고 가구를 고를 수 있게 되었다. 아이들이 활동하기 편하고 감성을 키울 수 있도록 도와주기만 하면 된다.

아이 방 수납

아이 방에서는 수납이 가장 중요하다. 보통 전문가에게 아이 방 공사를 맡기면 디자인부터 시공까지 2주 정도가 소요되고 비용은 300만 원 전후를 예상하면 된다. 이럴 때 가장 중요한 부분은 생각보다 수납해야 할 것들이 많은 아이 방을 효과적으로 활용하는 것이다. 오픈형보다는 서랍형이 훨씬 활용도가 높다는 것을 기억하자.
또한 책상은 성장단계에 맞춰 높낮이 조절이 가능한 것, 이동이 가능한 플레이 카운터 형태로 설계 요청을 하는 것이 좋다.

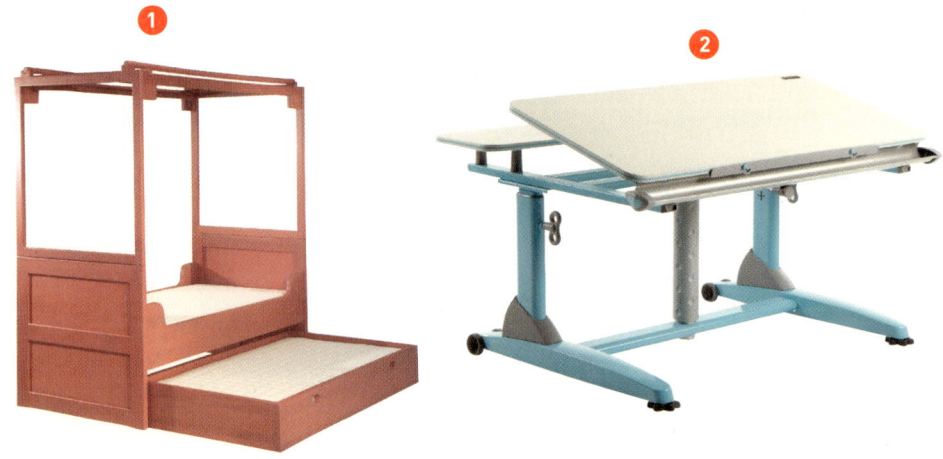

01 코코 맘에서 출시된 아이 침대. 아래쪽에 매트리스가 숨겨져 있는 제품.
02 높이가 조절되는 책상. 플렉사의 제품.

아이에게 맞는 방 꾸미기

아이들의 성격과 행동을 고려해 아이 방의 분위기를 선택해야 한다. 예를 들어 혼자 있는 것을 좋아하지 않는 아이의 방은 캐릭터 모양의 벽지와 가구를 사용하면 긍정적인 효과를 얻을 수 있다. 반면에 산만한 아이에게 캐릭터 가구는 좋지 않다. 사물을 보고 느끼기 시작하며, 주변 환경에 민감하게 반응하는 아동기에 컬러는 감정과 행동 변화에 영향을 주고 감정 해소를 돕는 역할을 한다. 심리적인 안정감을 원한다면 파란색이나 연두색과 같은 부드러운 컬러를 추천한다. 파란색은 긴장이나 불안감을 줄여주어 마음을 차분히 가라앉히고 집중력을 향상시키는 작용을 한다. 또한 피로회복과 스트레스 해소에도 도움을 주는 것으로 알려져 있다. 연두색은 심리적인 자극을 주지 않기 때문에 신경과 근육의 긴장을 완화시켜주고 마음을 평온하게 해준다. 마지막으로 잊어선 안 될 한 가지, 아이의 키보다 큰 가구는 불안감을 주므로 S+처럼 아이의 눈높이에 맞는 가구를 선택하는 것이 좋다.

Grove Lounge

빌딩 속 노르웨이의 숲, **그로브 라운지**

프리미엄 오피스 빌딩으로 많은 이들의 주목을 받은 곳 스테이트 타워. 뉴욕 프랫인스티튜트에서 건축과 인테리어를 전공한 파라스코프 하진영 대표가 디자인 PMproject management을 맡은 곳으로 디자인을 통해 건물의 가치가 높아질 수 있다는 것을 몸소 증명한 곳이기도 하다. 이곳의 1층에는 도심 한가운데 우뚝 선 오피스 빌딩과는 잘 어울리지 않을 것 같은 작은 숲이라는 이름을 지닌 그로브 라운지가 자리잡고 있다. 이름에서도 알 수 있듯, 이곳은 자연의 모티브가 인테리어에 그대로 담겨 있다. 특히 자연을 그대로 재현한 것이 아니라 현대적인 방식으로 표현했다는 점에서 주목할 만한 곳으로 꼽힌다.

Shop info

스테이트 타워 남산 1층에 자리잡은 그로브 라운지는 도심 속에 위치한 자연주의 컨셉의 다이닝 공간. 조선 호텔 주방장 출신의 셰프가 만드는 다양한 요리와 와인, 그리고 특별한 파티를 위한 프라이빗룸까지. 어느 것 하나 허술한 것이 없다.

>> **주소** 서울시 중구 회현동 2가 6-11 스테이트 타워 1층
>> **문의** 02.6020.5577

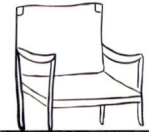

디자인이 작품이 되는 순간

빌딩은 도심의 랜드마크이다. 랜드마크는 빌딩이 지닌 가치로 결정되는데, 부동산의 가치나 지정학적 위치뿐 아니라 디자인이라는 결정적인 요소가 더해지게 마련이다. 그런 의미에서 디자인으로 가득한 스테이트 타워는 랜드마크의 조건을 모두 갖춘 곳이다. 그 결정적인 증거가 그로브 라운지이다.

이곳은 천장의 높이가 굉장히 높다. 보통 집의 3배 정도인 7미터에 이르는데, 덕분에 이곳에 들어서자마자 도심에서는 쉽게 느낄 수 없는 탁 트인 개방감을 느끼게 된다. 머리 위쪽의 천장에는 나뭇가지가 복잡하게 얽힌 독특한 형태의 조명이 매달려 있다.

HOME STYLING IDEA 1 아래에서 올려다보면 얽혀 있는 나뭇가지로 인해 마치 숲 한가운데 앉아 있는 듯한 착각이 든다. 오버사이즈의 조명은 빛을 밝히는 일차적인 기능 이외에도 마치 아트 작품 같은 강력한 오브제가 된다.

뿐만 아니라 카운터 데스크에는 한지를 접어 늘어뜨린 독특한 조명이 자리잡고 있다. 나무와 한지를 활용한 조명은 그 자체로도 자연스러운 매력을 더할 뿐 아니라 조도를 부드럽게 낮춰주는 역할을 한다.

02 나뭇가지를 자연스럽게 얽은 특별한 소품이 돋보이는 공간.
이곳에 들어서면 마치 숲 한가운데 앉아 있는 듯한 느낌을 받게 된다.

03 낮은 벤치 스타일의 테이블을 놓고 그 위에 작은 소품과
잡지를 늘어놓아 계단 위쪽과 아래쪽의 공간을 자연스럽게 구분했다.

북유럽의 우아한 공간 연출법

예상을 깨는 커다란 크기와 과감한 형태의 조명들이 지나치거나 낯설게 느껴지지 않는 이유
는 모두 자연의 소재를 사용했기 때문이다. 그로브 라운지는 거대한 흙벽과 먹으로 마감한 한
지 장식, 나무 조명 등 자연을 현대적인 시각으로 끌어들인 곳이다. 여기에 나무의 단단한 멋을
살린 의자와 테이블이 더해지면서 마치 커다란 숲에 들어선 것처럼 편안하고 안락하다. 그로브
라운지가 매력적인 이유는 **HOME STYLING IDEA 2** 슬림하고 세련된 나무 의자와 부드러운 등받
이의 암체어, 넉넉한 크기의 소파가 자유롭게 어우러지고 있기 때문이다. 소파와 암체어, 소파
와 나무 의자와 같이 서로 다른 소재와 형태를 조합하는 것이 얼마나 공간을 다양하고 풍성하게
바꿔 놓을 수 있는지 보여주는 대목이다.

몇 개의 테이블이 놓인 창가와 안쪽으로 이어지는 복도 사이에 낮고 긴 벤치와 작은 의자를
놓고, 작은 식물이나 책을 올려놓아 슬며시 공간을 나눠준 것도 꽤 멋진 공간 분할법이다.

북유럽의 세련되고 안정된 분위기를 가장 멋지게 표현한 그로브 라운지는 세심하게 계산된
디자인은 물론 가구와 가구 사이의 조화가 중요하다는 진리를 깨닫게 하는 곳이다.

| 4 |
| 5 |

04 북유럽 스타일의 부드러운 등받이가 인상적인 라운지 체어.
05 소파와 라운지 체어, 낮은 테이블을 함께 매치해 북유럽의
거실을 그대로 옮겨놓은 듯한 편안한 분위기를 만들었다.

**HOME
STYLING
IDEA1**

85p

디자인 조명으로 바뀌는 분위기

가격대비 가장 만족스러운 변화를 느낄 수 있는 것이 바로 조명이다. 을지로
와 논현동 등에 몰려 있는 조명 상가를 돌아보면 종류가 워낙 다양해 취향에
맞춰 고르는 게 쉽지 않다. 역시 많이 보고 비교해보는 수밖에 없다. 그로브
라운지의 커다란 나무 조명이나 한지 조명처럼 멋진 디자인의 조명을 판매하
는 곳들을 골랐다.

두오모
세계적인 브랜드의
조명을 판매하는 곳
서울시 강남구 논현로 735
02.544.2975

한룩스
수유 등과 키즈 등 다양한 조명을 판매
ehanlux.com

아트인루체
조형물에 가까운 멋진 조명들을
판매하는 곳
서울시 강남구 학동로 201
070.7404.8018

노르딕 디자인 by 이노메싸
북유럽 스타일의 조명을 판매
서울시 서초구 양재천로 127
02.3463.7752

라이트 워크
아티스틱한 조명을 판매하는 곳
서울시 강남구 논현동 86 금강B/D 1F
02.547.6751

램프랜드
원하는 평형대별, 공간별로 조명을
나눠 놓아 쇼핑이 편리한 곳
lampland.co.kr

편안하고 푹신한 소파와 암체어, 군더더기 없는 의자가 더해진 이곳에서
힌트를 얻어 우리 집에 맞는 소파 배치법을 찾아보자. 멋진 거실을 만드는 지름길이 여기에 있다.

HOME
STYLING
IDEA2

소파의 위치만으로도 달라지는 거실

거실에 소파를 배치하는 가장 기본적인 레이아웃은 정면의 TV를 마주보도록
배치하는 것. 아마도 대부분의 거실이 이런 구조를 갖고 있을 것이다. 하지만
소파의 위치만 바꿔도 집안의 분위기는 완벽하게 달라진다.

소파의 크기를 줄이기

일반적으로 가장 많이 구매하는 3인용 소파의 길이는 2400mm 정도인데, 이
런 소파는 2인용과 앞쪽으로 길게 발 받침을 뺀 카우치를 더한 것이다. 소파
의 크기를 조금 줄여 1800mm 내외의 제품을 선택하면 여유 공간에 다양한
레이아웃이 가능해진다.

암체어와 의자를 적극 활용하기

소파의 크기를 줄이는 대신 암체어나 의자를 함께 놓으면 훨씬 생기 있는 거
실이 완성된다. 소파의 스타일과 컬러를 고려해 선택하는 게 좋은데, 소재나
컬러를 통일시키면 실패할 확률이 줄어든다. 조금 감각 있다고 자부한다면,
소파와 암체어, 의자, 사이드 테이블, 티 테이블 등 다양한 가구로 채워진 유
러피안의 스타일리시한 거실에 도전해보는 것도 좋다.

레이아웃에 변화를 주기

소파 뒤쪽에 작은 테이블이나 벤치를 놓아두면 책을 읽거나 간단한 음식들을
올려놓고 활용해도 멋스러운 거실을 만들 수 있다. 테이블 위쪽에 액자나 소
품을 올려놓거나 심플하고 세련된 작은 테이블 조명을 놓으면 분위기를 내는
데도 좋다.

쿠션으로 스타일링 하기

소파가 낡고 마음에 들지 않는다면, 가장 쉬운 방법은 쿠션을 활용하는 것이
다. 쿠션 여러 개를 쌓아두는 것만으로 분위기는 많이 달라진다. 톤온톤으로
컬러에 조금씩 변화를 주고 포인트가 되는 컬러와 패턴을 지닌 쿠션을 더하
면 세련된 거실을 만들 수 있다.

03

카페에서도 힐링을 느낄 수 있다. 명상을 위한 전통 찻집을 말하는 것이 아니다. 그저 앉아 있는 것만으로도 마음을 편안하게 만들어주는 곳, 누구와 함께든, 언제든, 마음에 동요가 있을 때조차도 따뜻한 향기를 전해주는 곳, 이런 곳이 바로 힐링 공간이다. 이곳에서 힐링을 얻게 되는 이유 중 하나는 마음을 위로하는 단정하고 소박한 인테리어도 중요한 역할을 한다. 소소하지만 마음을 치유하는 멋진 공간을 담았다.

펜던트 조명이 주는
아늑한 실내

HEALING

힐링 스타일 인테리어

아이들을 위한
맞춤 가구

학교를 연상시키는
작은 의자

Le reve de bebe

달콤함 이상의 세련된 아름다움, 르헤브드베베

'아이의 꿈'이라는 이름의 르헤브드베베는 아이의 순수함을 닮아 있다. 이곳에 한번 발을 디디면 마치 자연스럽게 마음에 스며든 첫사랑처럼 이곳의 매력에 쉽게 빠져들게 될 것이다.

그 이유는 바로 심플하고 군더더기 없는 가구들과 곳곳에 놓인 작은 소품, 그리고 어딘지 모르게 마음을 놓이게 하는 익숙한 컬러와 작은 집을 연상시키는 철제 프레임 덕분이다. 나무로 된 문을 열고 들어서면 앨리스의 잃어버린 나라에 들어선 듯한 느낌에 어린 시절의 행복하고 아름다운 추억들이 하나둘씩 떠오를 것이다. 르헤브드베베는 다양한 색감의 프랑스 마카롱처럼 달콤한 추억이 생각나는 곳이다.

Shop info

프랑스 전통 디저트인 마카롱과 수플레, 그리고 핸드드립에서 더치 커피까지 다양한 맛을 즐길 수 있는 공간. 오너가 프랑스에서 직접 배운 마카롱과 핸드드립 커피를 무한 리필로 즐길 수 있다는 것도 큰 매력이다.

>> 주소 경기도 용인시 수지구 죽전로 168번길 3-3
>> 문의 031.781.5013

철제 프레임으로 집 속의 집 만들기

르헤브드베베에서 가장 마음에 드는 것을 하나만 꼽으라면 주저 없이, 나무의 고유한 문양이 그대로 드러난 문과, 연필로 쓱쓱 그려 넣은 집을 연상시키는 오각형의 철제 프레임이 세워진 입구라고 말하고 싶다. 멀리서 바라보면 마치 오래된 나무 한 그루 옆에 작은 집을 지은 듯, 정겨운 느낌으로 가득하다. 의도한 것이든 그렇지 않은 것이든, 보는 사람에게 이런 친숙한 느낌을 주는 건 이곳의 가장 큰 매력이다. 입구에 세워진 철제 프레임은 안쪽에도 같은 형태로 세워져 있다. 이런 장치는 마치 백설공주가 숲 속에서 찾아낸 작은 집으로 걸어 들어온 것처럼 느끼게 해준다. 이러한 시각적인 경험은 이곳을 더욱 편안하게 느낄 수 있도록 만든다. 르헤브드베베가 이곳의 이름을 아이의 꿈이라고 지은 이유도 여기에 있는 게 아닐까?

HOME STYLING IDEA 1 안쪽 공간도 동화 속을 연상시키는 장치들로 가득하다. 철제 프레임 이외에도 몇 개의 계단을 따라 올라선 반층 정도 높이의 공간이 특별한 레이아웃을 가능하게 만들어 준다. 이러한 복층형 공간을 메자닌이라고 부르는데, 층고가 높은 집이라면 한 번쯤 시도해 볼 만한 아주 유용한 인테리어 비법이다. 최근 오피스텔이나 싱글을 위한 아파트 등에서 이러한 복층 구조가 눈에 많이 띄는데, 공간을 다양하게 활용한다는 면에서 매력적인 구조이다.

2	3

02 오각형의 철제 프레임이 세워진 입구.
03 계단을 따라 올라선 복층형 공간. 높이를 다르게 해 각각의 공간에서 색다른 분위기를 느낄 수 있도록 구성되어 있다.

마카롱만큼 예쁜 컬러 활용하기

르헤브드베베는 달콤한 기쁨을 주는 마카롱으로 가득한 곳이다.

HOME STYLING IDEA 2 그리고 마카롱을 연상시키는 핑크나 옐로와 같은 컬러가 르헤브드베베를 가득 채우고 있다. 잘 어울릴 것 같지 않은 여러 가지 컬러가 더해졌는데도, 심플하고 세련되게 느껴진다. 벽면의 컬러를 상쇄하는 심플하고 안정감 넘치는 가구들을 선택했기 때문일 것이다. 특히 조금 낮은 높이의 의자와 도시적이고 시크한 느낌의 테이블의 조합은 꽤 인상적이다. 또한 마감재를 선반으로 활용한 아이디어는 당장 집으로 훔쳐오고 싶을 정도다. 선반의 옆쪽에는 옷을 걸어둘 수 있는 작은 고리가 매달려 있고, 그 위에는 시즌에 맞춰 다양한 소품들이 놓여 있다. 마치 겉은 바삭하지만 한입 베어 물면 부드럽게 입 안을 가득 채우는 마카롱처럼, 이곳은 달콤함 속에 숨은 마카롱의 예민하고 세련된 아름다움을 본능적으로 보여주고 있다.

04 자연스러운 나무 컬러로 마감된 주방. 같은 소재의 바스툴과 선반을 놓아 편안한 분위기를 강조했다.

5

05 커다란 나무 판재를 ㄱ자 형태로 만들어 아늑한 느낌을 더했다.
06 철제 프레임과 회벽 마감이 인상적인 선반에는 작고
아기자기한 소품을 놓아 눈을 즐겁게 한다.

6

95p

HOME
STYLING
IDEA1

아 이 방 복 층 으 로 꾸 미 기

아이 방이라면 복층으로 만들어 위쪽은 침대로, 아래쪽은 놀이 공간으로 활용하면 좁은 아이 방을 넓어 보이게 만들 수 있다. 미끄럼틀을 달거나 아래쪽에 문을 달아주면 아이들이 더욱 좋아한다는 것도 기억하길. 계단 아래쪽도 수납공간으로 꼼꼼하게 활용하면 좋다.

직접 꾸미기

손재주가 좋거나 DIY 경험이 있다면 직접 도전해보는 것도 가능하다. 필요한 목재를 계산해서 주문한 후 조립하면 되는데, 이때, 너무 넓은 면적을 만들면 하중에 무리가 생길 수 있으니 주문 전에 전문가와 상의해볼 것. 아이 침대 면적을 기준으로 삼으면 된다. 혹은 아이 옷장과 같은 높이로 수납장을 짜 넣은 후 기둥을 세워 지지할 수 있게 하는 것도 방법의 하나. 관련 사이트에서 좀 더 자세한 정보를 얻을 수 있다.

최근 아이 방을 복층 형태로 만들어 위쪽에는 침대로, 아래쪽은 장난감을 수납하거나 놀이 공간으로 활용하는 벙커 베드 형태가 인기다. 또한 다양한 색감이 아름다운 카페의 벽면을 집에도 적용해 보자.

업체에 맡기기

인테리어 업체와 상의할 때는 전체적인 콘셉트, 용도, 아이가 가진 책이나 장난감의 양 등을 충분히 고려하는 게 좋다. 아이 방 전문 디자이너들은 방문상담을 통해 아이의 성향과 연령대, 수납 용품의 양 등을 꼼꼼히 파악한 후 디자인 시안과 견적을 낸다. 상담부터 최종 공사 완료까지는 2주 정도 소요되며, 가격은 300만 원 대 정도를 예상하면 된다.

벤텍
나무를 휘는 곡면성형 기법의
가구 전문업체
bentek.co.kr
02.2012.3242

Eibe 아이베
실용적이며 아이들의 활동에 맞춘
가구를 만날 수 있는 곳
서울시 강남구 학동로19길 5
02.544.1013

Flexa 플렉사
덴마크에서 온 플렉사는
다양한 시스템 가구를 선보이는 곳
서울시 강남구 논현로 722
02.512.0515

센토키즈
올인원 베드나 로프트 침대 등
다양한 침대 디자인을
만날 수 있는 곳
sento-kids.com
광주시 오포읍 신현리 401-10
031.702.1216

가가 갤러리
침대부터 커튼과 인형, 장난감,
텐트까지 아이와 관련된 모든
제품들을 만날 수 있는 곳
gagaa.com
032.562.7559

에듀테인
놀이공간 전문 브랜드로
유아시설에 사용되는 가구와
인테리어를 전문으로 하는 곳
edutain.co.kr
서울시 서초구 사임당로
10길 11 우면빌딩 2층
02.555.1931

발도로프
어린이집 인테리어와 전문 인테리어,
가구 브랜드를 운영
baldorf.co.kr
파주시 탄현면 헤마니마을길 16
070.4101.7276

HOME STYLING IDEA2

친환경 페인트로 공간 분위기 바꾸기

페인트는 벽지가 칠해진 벽면은 물론 욕실과 가구, 타일까지 집 안의 거의 모든 곳에 사용할 수 있다. 밟고 다녀야 하는 곳만 아니라면 어디든 가능하다. 게다가 벽지에 비해 훨씬 저렴할 뿐 아니라 초보자도 쉽게 칠할 수 있고 시공 기간도 짧다. 최근 페인트를 사용해 집안 분위기를 바꾸는 이들이 늘어나고 있는 이유도 이러한 편리함과 경제성에 있다.

쓰임에 맞는 페인트 선택하기

방수 여부 등 쓰이는 용도에 따라 페인트를 선택하면 된다. 구매 전에 어떤 공간에 사용될 것인지를 결정해 고른다. 페인트는 대부분 주문 후 조색하게 되므로 교환 및 반품이 불가능하니, 신중히 선택할 것. 방문 앞 뒷면을 칠할 수 있는 1 쿼터(약 1ℓ)와 3평 정도의 작은 방의 벽면을 칠할 수 있는 1 갤런(약 4ℓ)으로 판매된다. 또한, 붓과 롤러, 트레이 등 칠하는 도구도 용도에 따라 달라야 하므로 주의하자.

남은 페인트 보관법

입구를 깨끗이 닦아 완전히 밀폐한 다음, 직사광선을 피해 서늘한 곳에 보관한다.
페인팅 도구는 페인트가 굳기 전에 미지근한 물로 바로 세척하고, 깨끗한 물에 2시간 정도 담가 둔 후 물기를 제거해 건조한다.

페인트 칠하기

분위기를 바꾸고 싶다면 한쪽 벽면을 페인트로 칠하는 것부터 시작해 보면 어떨까? 최근에는 친환경 페인트를 직접 칠하는 사람들이 늘어나고 있다. 벽면과 문은 물론 가구와 욕실 등 생각보다 광범위하게 쓰이는 페인트 칠하기를 살펴보았다.

1. 페인트가 묻지 않도록 몰딩에 마스킹 테이프를 붙여준다.
2. 바닥이나 문고리에는 비닐을 깔고 테이프로 고정한다.
3. 프라이머(젯소)를 1회 칠한 후 최소 3시간 이상 건조시킨다. 욕실 등 습한 공간은 8시간 이상 건조하는 것이 좋다. 벽지나 벽면을 제외한 모든 부분에는 프라이머를 사용하는 것이 좋다.
4. 모서리나 틈새는 붓을, 넓은 면은 롤러를 사용한다.
5. 프라이머 건조 후 사포를 사용해 표면을 매끄럽게 만든다.
6. 개봉 후 살짝 흔들어 주고, 핸드믹서나 나무젓가락으로 충분히 젓는다.
7. 비닐을 씌운 트레이에 원액을 덜어낸다.
8. 가장자리와 틈새부터 붓으로 칠하고 넓은 면은 롤러를 사용해 칠한다.
9. 벽지나 벽면에 칠할 경우 페인트를 고르게 바르기 위해 W나 M자 형태로 칠하는 것이 좋다.
10. 1회 칠한 후 4시간 정도 건조하고, 다시 한 번 칠해야 색이 잘 나타난다. 건조시간을 잘 지켜야 내구성이 좋아진다.

Hit the Spot

슬로우와 힐링의 공간, **힛 더 스팟**

'Hit the Spot'은 '내가 원하던 바로 그것'이라는 의미로 맛있는 음식을 먹었을 때 감탄사로 쓰이기도 한다. 가끔 사람과 그 이름이 닮아 있듯, 이곳은 힛 더 스팟이라는 이름처럼 나도 모르게 조용히 감탄사를 내뱉게 하는 특별한 곳이다. 이곳은 딱히 어떤 스타일을 그대로 담아내거나 어떤 것을 흉내내지 않았다. 그저 꼭 필요한 만큼 꼭 필요한 것들이 조용히 자리잡고 있을 뿐이다. 미국식 정통 가정 요리를 재현한 브런치 메뉴나 프리미엄 수제 햄버거의 맛은 특별하지만, 힛 더 스팟에서는 맛을 뽐내느라 사람을 짓누르는 답답함이나 엄숙함을 찾아볼 수 없다. 대신 사랑하는 이의 식사에 초대받은 것처럼 마음을 움직이게 만드는 조용한 울림이 가득한 곳이다. 그 이유는 아마도 스스로의 목소리를 낮추고 주변과 어우러지는 힘을 지닌 좋은 가구들과 역할에 맞게 세심하게 나누어진 공간들 덕분일 것이다.

Shop info

미국식 정통 가정 요리를 재현한 브런치 메뉴와 슬로우 푸드로 조리된 프리미엄 수제 햄버거가 주메뉴이다. 주문과 동시에 즉석 조리된다. 맛집 프로그램으로 인기가 높은 테이스티 로드의 두 MC가 추천한 도미필레 스테이크와 피시 앤 칩스는 놓치지 말길.

>> **주소** 경기도 성남시 분당구 판교역로 10번길 22
>> **문의** 031.706.8998

1
2

01 공간을 나눠주는 유리 파티션은 컬러를 바꾸거나
간유리를 더해 이곳을 훨씬 활력 넘치는 공간으로 바꿔준다.
02 소박하고 정갈한 배치가 인상적인 공간으로 북유럽 가구의
장점은 어떤 공간이든 잘 어울린다는 것을 보여준다.

다른 듯 같은 느낌의 가구 배치

미국 남부의 작은 저택에 있을 법한 소박한 프로방스풍(프랑스 남부의 내추럴한 스타일의 가구)의 피코크 체어나 북유럽 스타일을 가장 잘 보여준다고 평가받고 있는 한스 웨그너의 '위시본 체어', 그리고 어린 시절 교실에 놓여 있던 낮은 '책상의자'가 힛 더 스팟에서는 아무런 경계 없이 자연스럽게 어우러진다. 서로 다른 형태와 스타일을 대표하는 가구들이 자연스럽게 연결될 수 있는 고리는 바로 통일된 컬러. 초보자들이 가장 많이 하는 실수가 바로 형태, 스타일, 혹은 컬러를 제각각으로 더하는 바람에 어느 것 하나 제대로 힘을 발휘하지 못하게 만드는 경우다. 분명 비싸고 좋은 제품인데, 집에만 들여놓으면 영 힘을 발휘하지 못하는 이유, 똑같은 제품인데도 뭔가 어색하다고 느껴지는 이유가 바로 여기에 있다.

힛 더 스팟은 이러한 함정을 피하는 모범답안을 보여주는 곳이다. 스타일은 다르지만, 컬러와 소재를 같은 것으로 선택하고, 욕심내지 않은 소박하고 정갈한 배치가 눈길을 끈다. 특히 사각형의 테이블 사이로 육각형Hexagon의 테이블을 슬쩍 넣은 것은 신의 한 수이다. 직접 앉아보면 금방 느끼게 될 테지만, 사각형과 원형, 그리고 다각형의 테이블이 지닌 매력은 꽤 다르다. 둘이 앉았을 때, 셋 이상이 모였을 때, 분명 우리는 각각 다른 곳을 선택하게 될 것이다. 형태를 이해하는 디자인이란 바로 이런 것이 아닐까?

03 어린 시절 학교에서 사용하던 교실 의자를 연상시키는 심플한 의자.

똑똑한 파티션 활용법

힛 더 스팟에서 가장 인상적인 건 **HOME STYLING IDEA 1** 공간을 효율적으로 나눠주는 다양한 형태의 파티션이다. 움직이지 않고 고정되어 있으니, 형태로만 놓고 본다면 벽체에 가깝지만 기능적으로는 파티션이 분명하다. 그 이유는 소통에 포커스가 맞춰져 있기 때문이다. 가장 좋은 예가 주방을 막아선 벽체이다. 주방과 카운터 테이블을 둘러싼 커다란 흰색 벽면에는 테이블 웨어와 아기자기한 소품을 단순화한 픽토그램이 새겨져 있다. 이 작은 구멍들은 외부의 시선을 막아주는 동시에 안쪽과 자연스럽게 연결되는 느낌을 준다. 그리고 이 픽토그램은 벽면 전체에 반복되는데, 간접조명이 더해져 더욱 은은하고 세련된 느낌을 준다. 또 하나 눈길을 끄는 방식은 철제 프레임의 사이사이를 막은 컬러 유리와 간유리들이다. 마치 몬드리안의 그림을 연상시키는 철제 프레임은 어떤 각도에서 바라보느냐에 따라 다른 분위기를 연출한다. 불투명 유리는 어느 정도 프라이버시를 보호해주고, 드문드문 끼워진 컬러풀한 유리창은 공간에 예기치 않은 활기를 선사한다. 햇빛이 안쪽까지 깊숙하게 스며드는 낮에 보아도 좋고, 은은한 조명이 더해진 늦은 시간에 보면, 구석구석까지 스타일리시한 감성이 더해진다.

04 안쪽에서 홀을 내다본 모습.
철제의 차가운 느낌과 북유럽 가구의
따듯한 느낌이 묘하게 조화를 이루고 있다.

05 아기자기한 소품을 단순화한 픽토그램으로 안쪽의
주방 공간을 나누었다. 공간의 재미와 흥미로움을 더해주는 장치.

06 북유럽풍의 가구뿐 아니라 프로방스풍의 화이트 가구들을 함께 놓았는데,
서로 다른 두 가지 스타일이 자연스럽게 어우러져 있다는 것이 이곳의 장점 중 하나.

106p

HOME STYLING IDEA1

중문으로 프라이버시와 스타일을!

중문은 외부의 소음을 차단하고, 프라이버시를 보호하는 데 유용하다. 또한, 집안의 분위기를 완성하는 중요한 요소이기도 하다. 최근 나무 패널을 이어 붙여 국민 중문을 만드는 이들도 많은데 손재주는 물론 생각보다 꽤 많은 노력을 기울여야 한다는 점을 기억하자.

셀프 중문 만들기

전문 업체에 의뢰할 경우 만만치 않은 비용이 소요되어(사이즈와 소재에 따라 다르지만 50만 원~80만 원 내외) 직접 만드는 이들이 늘어나고 있다. 중문을 만들기 위해서는 먼저 집의 사이즈에 맞게 문틀과 문에 사용되는 목재를 주문한다. 너무 무거운 나무를 선택하지 않도록 조심한다. 그리고 경첩과 손잡이, 나사, 본드 등 부자재를 준비한다. 주문 전에 문의 형태나 위쪽과 아래쪽의 비율 등 원하는 모양으로 그림을 그려보는 것이 좋다. 기본적인 형태를 완성한 후 웨인스코팅과 같은 몰딩이나 페인트를 더해주면 된다.

눈길을 사로잡는 멋진 벽과 파티션이 인상적인 핫 더 스팟에서
얻은 아이디어를 우리 집 중문에 활용해보자.

반 제작 중문
전문가에게 문틀과 문의 기본적인 형태나 유리를 끼우는 것까지만 주문하고 손잡이나 컬러, 몰딩 등 세부적
인 스타일을 직접 완성할 수도 있다.

전문가가 제안하는 중문
견적에는 도어 가격과 문틀(실측비와 문틀 필름 마감 포함)과 시공비, 배송비 등이 포함된다. 철재와 목재 등
소재를 선택한 후 슬라이딩과 여닫이 중 공간의 구조나 원하는 스타일에 맞춰 고른다. 최근에는 접이식 문을
사용해 로맨틱한 분위기를 연출하기도 한다. 폴딩도어는 비교적 넓은 면적에 사용하는 것이 좋으며, 베란다와
거실의 복합문에 활용하면 좋다. 인테리어 회사인 한성아이디의 가구 브랜드 보노야(bonoya.com)에서는 인
테리어 시공과 가구 스타일링, 맞춤가구 구매 등에 관한 좀 더 자세한 정보를 얻을 수 있다.

내 맘에 쏙 드는 손잡이
도어나 서랍의 손잡이를 직접 바꿔보자. 손잡이를 바꾸는 것은 생각보다 쉽다. 클래식한 주물이나 가죽이 빈
티지한 스타일에 어울린다면, 자기를 입히고 여기에 파란색으로 나뭇잎과 같은 문양을 넣은 동그란 형태의
제품들은 북유럽 스타일을 연출하는 데 좋다. 아무런 마감이 되어 있지 않은 나무 손잡이에 다양한 컬러의 페
인트를 입혀도 색다른 분위기를 연출할 수 있다.

황금철물
주물손잡이가 많은 곳
goldhardware.co.kr

손잡이 닷컴
다양한 종류의 손잡이가
구비되어 있는 곳
sonjabee.com

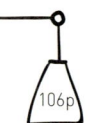

106p

HOME
STYLING
IDEA1

생 각 보 다 다 양 한 파 티 션

보기 싫은 물건을 가리거나 프라이버시를 위해 공간을 나누고 싶을 때는 파티션을 활용해보자. 책장을 활용해도 좋고, 공간 박스를 쌓아 올려도 좋다.

낡은 문을 파티션으로 활용하기

낡아서 사용하지 않는 문을 파티션으로 활용해보자. 문 두 개에 경첩을 달아 각도를 벌여 세워두고 넘어지지 않도록 아래쪽에 나무판을 덧대면 근사한 파티션이 완성된다. 중문을 달 수 없는 좁은 집이라면 활용해볼 만한 아이디어.

철제 프레임을 활용하기

철제 봉 옷걸이를 파티션으로 활용해도 좋다. 철제 봉에 마음에 드는 패브릭을 걸어 적당한 곳에 세워두면 근사한 파티션으로 변신한다.

박스를 쌓아 올리기

공간 박스도 근사한 파티션으로 활용할 수 있다. 다양한 컬러를 입힌 공간 박스를 쌓아 올려 현관과 거실 사이에 세워두고 안쪽에 소품이나 책을 수납하면 실용적인 파티션이 탄생한다.

KAFE Kobalt

크리에이티브한 디자인 회사의 놀라운 실험, **카페 코발트**

가로수 길의 좁은 골목을 지나다 우연히 창문이 아주 예쁜 빌라를 발견했다. 그
곳에는 낡은 빌라를 개조해 만든 카페 코발트가 자리잡고 있다. 카페 코발트는
마치 오랫동안 그곳에 있었던 듯, 너무나 조용하고 자연스럽게 골목을 그들만의
향기로 가득 채우고 있다. 마치 요란하게 자신을 드러내고 싶어하지 않는 근사
한 신사나 매력적인 웃음을 지을 줄 아는 스타일리시한 숙녀를 연상시키는 세련
된 향이다. 그리고 그 향기에 이끌린 매력적인 이들이 카페 코발트를 가득 메우
고 있다.

Shop info

미슐렝 3 스타 이찬오 셰프가 여행을 떠나고 싶을 때 찾는다고 말할
정도로 카페 코발트에서 만나는 세계 각국의 오리지널 레시피를 이
용해 만든 스낵과 음료는 수준급이다. 카페 코발트의 모든 타르트와
파이는 100% 유기농 밀가루와 설탕, 우유, 버터를 사용해 달지 않고
풍부한 식감을 지니고 있어 인기가 좋다.

>> 주소 서울시 강남구 강남대로 160길 35-5
>> 문의 02.3443.1513

01 벽돌 사이로 난 작은 창문으로 햇살이 쏟아지는 코발트는 정말 아름답다.

자연스럽고 익숙한 형태가 주는 즐거움

철제문을 들어서며 코발트라는 이름이 컬러에서 인용된 것이 아닐까 하는 추측을 했었다. 하지만 이곳을 만든 크리에이티브 디자인 스튜디오 코발트식스는 매력적인 일류 기술을 의미하는 단어에서 모티브를 얻은 것이라고 한다. 이 설명을 듣는 순간, 모든 것들이 이해되기 시작했다. 크리에이티브한 프로젝트를 만들던 이들이 자신이 원하는 콘텐츠, 라이프스타일, 디자인을 그대로 드러낸 것이 바로 카페 코발트인 것이다.

빛에 민감했던 인상파의 그림처럼 정적이고 세련된 창문과 조명의 배치, 그리고 공간을 나누는 블록 유리를 통해 유입되는 느슨한 햇빛 덕분에 모든 것이 자연스럽다. 빛이 인테리어에 있어서 가장 중요한 요소라는 것을 아주 잘 알고 있는 전문가의 솜씨가 고스란히 느껴진다. 빛뿐 아니라 타일이나 나무, 유리 블록 등 적재적소에 사용된 다양한 마감재도 이곳을 사랑스럽게 만드는 장치이다. **HOME STYLING IDEA 1** 복도로 이어지는 한쪽 벽면에는 유리 블록을 사용했고, 다른 한쪽에는 허리 높이로 나무 패널을 규칙적으로 붙여 놓았다. 그리고 바닥에는 다이아몬드 형태로 작은 타일을 정성스럽게 붙여 놓았다. 이곳의 복도로 이어지는 길이 꽤 멋스럽게 느껴지는 이유는 이렇게 다양한 소재들을 매력적으로 연결해 두었기 때문이다.

02 안쪽의 프라이빗한 룸으로 이어지는 복도 공간을 나무 패널과 블록 유리 등으로 나눈 공간 활용이 돋보인다.
03 복도를 따라 아래쪽에는 빈티지한 느낌의 나무 패널을 사용하고, 위쪽에는 블록 유리를 끼워 60~70년대 미국의 작은 바를 찾은 듯한 이국적인 분위기를 연출하고 있다.

04 유럽의 카페에서 가장 많이 볼 수 있는 Ton 사의 No.14 의자는 이곳을 유러피언 감성이 넘쳐나는 매력적으로 꾸며 주는 일등공신이다.

의자와 테이블의 매칭 플레이

다른 곳에서도 꽤 많이 보아 눈에 익은 톤^{Ton}사의 의자는 이곳에서 더욱 빛을 발한다. No.14라는 이름의 이 카페 의자는 세계 최초로 나무를 구부리고, 각 부분을 조립해 대량생산을 가능하게 했던 거의 첫 번째 제품이다. 처음 만들어진 것이 1859년이니, 전 세계에서 이 의자만큼 많은 사람들을 앉힌 의자도 없을 것이다. 베이직한 형태로 카페의 아이콘으로 불리던 이 의자가 다른 어떤 곳보다 이곳에서 더 멋진 이유는 코발트만의 감각이 더해진 믹스앤매치에 있다. 테이블은 Ton사의 베이스에 아메리칸 월넛통판을 구입해 직접 제작한 상판을 사용하고, 푸아투^{Poitoux}사의 라탄체어를 함께 믹스해 단조로운 형태에 재미를 주었다. 테이블과 의자의 조화가 얼마나 중요한가를 보여주는 좋은 예가 아닐 수 없다.

HOME STYLING IDEA 2 카페 코발트에는 세심한 노하우들이 가득하다. 창가에 놓인 유리 화병이나 붉은 벽돌 아래에 놓여진 재봉틀, 그 위에 놓여진 낡은 타자기와 클래식한 느낌의 소품 하나하나가 얼마나 많은 공을 들였는지를 느끼게 한다.

HOME STYLING IDEA 3 작은 것 하나 그냥 지나칠 수 없게 만드는 이들의 손길은 카운터 아래에 늘어선 매거진 랙마저 멋지게 만들었다. 가로로 길게 봉을 만들고 잡지를 손쉽게 걸 수 있도록 커다란 고리를 달았는데, 슬쩍슬쩍 흔들리는 모습이나 다양한 컬러의 표지 자체가 멋진 컬렉션을 감상하는 것만 같다.

05 카운터 아래에 늘어선 멋진 매거진 랙. 나무 패널에 철제 파이프를 부착하고 작은 고리를 연결해 매거진 랙으로 활용했다.

HOME
STYLING
IDEA1

나무로 세련된 유럽풍 공간 만들기

나무 패널로 벽을 바꾸기 위해서는 꽤 많은 수고를 감수해야 한다. 규격에 맞춰 나무를 재단해 주문하고, 벽면에 부착하는 일도 쉬운 일은 아니다. 가장 많이 사용하는 형태는 MDF에 시트지를 입힌 제품으로 양면테이프와 실리콘으로 접착할 수 있으며, 폭은 10cm와 8cm가 가장 흔하며, 높이는 80cm정도 된다.

벽면에 양면테이프를 붙이고 패널의 뒷면에 실리콘을 도포한 후 벽면의 튀어나온 부분부터 안쪽으로 붙여 나간다. 패널을 힘을 주어 눌러가면서 붙이고, 보기 안 좋은 부분은 메꿈제를 이용해 마감한다. 모서리 부분은 나무젓가락을 납작하게 만들어 눌러주면 된다. 또 하나 콘센트 부분을 고려해야 한다는 것을 명심하길. 카페 코발트처럼 패널과 같은 컬러로 콘센트를 칠해주면 훨씬 깔끔해 보인다는 것도 기억하자. 디자인 뮤즈(panelhouse.co.kr) 등 판매 사이트에는 다양한 셀프 인테리어 팁이 제공되니 참고하길.

만약 간단하고 손쉽게 하기를 원한다면, 접착식 우드 스티커를 사용해도 된다. 컬러가 다양하고 스티커 형태로 쉽게 벽면에 붙일 수 있어 초보자들도 쉽게 도전할 수 있다는 것이 가장 큰 장점. 너무 촘촘히 붙이기보다는 1mm정도의 간격을 주고 붙여야 나무의 느낌을 줄 수 있다.

카페 코발트 곳곳에는 집에서 그대로 응용하고 싶은 인테리어 아이디어가 넘쳐난다. 테이블과 의자의
매칭뿐 아니라 나무 패널을 세련되게 활용하는 노하우까지. 쉽게 따라할 수 있는 노하우를 담았다.

HOME
STYLING
IDEA2

테 이 블 과   의 자 의   매 칭   노 하 우

테이블을 먼저 고르는 것이 좋을까, 의자를 먼저 고르는 것이 좋을까? 전문
가들은 대부분 테이블을 추천한다. 크기를 많이 차지하기도 하고, 어울리는
의자를 찾기가 테이블을 찾기보다 쉽기 때문이기도 하다.
요즘 가장 많은 사랑을 받는 원목 테이블에는 나무 의자와 벤치를 함께 사용
하는 것이 좋다. 이럴 땐 계절에 따라 패브릭을 활용하면 좋다. 겨울에는 울
이나 퍼가 들어간 패브릭으로 쿠션을 만들고, 여름에는 시원한 느낌의 면이
나 마 소재를 활용하면 실용적일 뿐 아니라 따뜻하고 감성적인 공간 연출이
가능해진다.
최근 유행하는 북유럽 스타일의 심플한 테이블이라면 비슷한 스타일의 나무
의자만 고집하지 말고 악센트가 되는 의자를 더해보자. 심플한 나무 의자들
과 강렬한 컬러의 의자가 만들어내는 조합이 꽤 신선하게 느껴질 것이다. 혹
은 같은 컬러나 소재를 지닌 클래식한 형태의 의자를 더하는 것도 멋진 테이
블을 완성하는 데 도움이 될 것이다.

HOME
STYLING
IDEA3

수 도 관   형 태 의   매 거 진   랙

철제봉을 사용한 카페 코발트의 매거진 랙은 훔치고 싶은 아이템. ㄷ자 수도
관 형태의 워터 파이프와 훅을 사용해 원하는 곳에 매거진 랙을 설치해보자.
주방이나 거실 등 원하는 곳이라면 어디든 좋다. 매장 디스플레이 제품을 판
매하는 샵앤몰(shopandmall.co.kr)에서는 다양한 형태의 봉과 훅을 구매할
수 있다. 덤으로 의류 매장에서 본 멋진 행거들까지 구매할 수 있으니 꼭 한번
방문해보자.

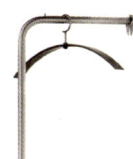

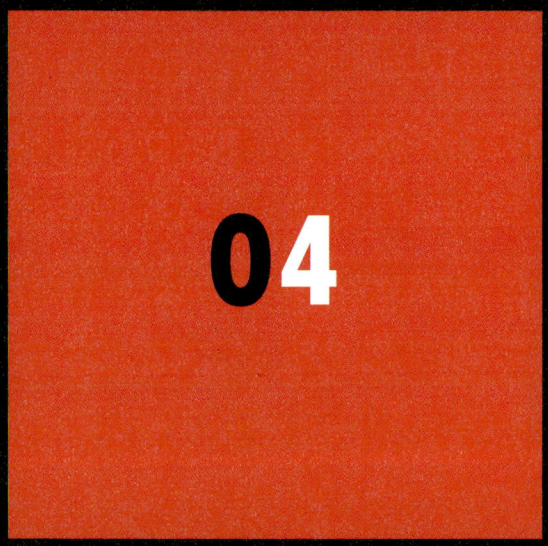

04

사람들은 언제나 새로운 것에 촉각을 곤두세운다. 그렇지만 가
끔은 익숙한 것들이 주는 아련한 기억을 그리워하기도 한다. 평
화롭고 아름다운 자연, 혹은 어린 시절의 동심 같은 것 말이다.
플라워 카페나 키즈 카페가 누군가의 취향 혹은 필요 때문이라
는 오해는 하지 말길. 그곳에는 익숙함이 주는 놀라운 평화와 행
복이 있다.

PEACE&FUN

피스&펀 스타일 인테리어

Cafe, Oui

모두를 위한 로맨틱 카페, **카페 위**

하얀 문을 열고 푸른 잔디가 깔린 아담한 정원을 가로지른다. 갈런드가 걸려 있는 나무를 지나 작은 화분이 가지런히 놓여 있는 길을 따라 들어선다. 문득 머리를 들어 바라보니, 커다란 창문 안으로 정말 편안해 보이는 커다란 소파와 위층으로 이어지는 계단이 보인다. 아이의 웃음소리가 들리는 안쪽으로 걸어 들어간다. 카페 위에 들어서면 누구든 아주 천천히 걷게 된다. 그리고 사소한 이야기와 웃음소리에 귀 기울이게 된다. 하나라도 놓치면 안 될 것만 같다. 평화로운 오후의 풍경. 카페 위에는 가장 따뜻한 어떤 순간이 담겨 있다. 카페 위의 특별함은 구석구석을 채우고 있는 우아함과 따뜻함을 가득 담은 스타일링 덕분이다. 공간을 따뜻하게 만드는 이들만의 스타일링은 과연 무엇일까?

Shop info

이곳의 우유빙수는 많은 블로거들이 추천하는 메인 메뉴. 팥을 따로 제공해 원하는 만큼 얹어 먹을 수 있다는 것이 강점. 아이들을 위한 아기자기한 공간이 많아 가족 손님이 많으니 참고할 것. 유아용품 브랜드 '스토케'는 예비엄마들을 초청해 베이비샤워 신년파티를 진행하기도 했다. 아이들과 함께 쉴 만한 곳을 찾는다면, 카페 위를 기억하자.

>> **주소** 서울시 강남구 강남대로162길 39
>> **문의** 02.3444.0792

유쾌함이 묻어나는 매력적인 스타일링

누군가에게 카페 위를 설명한다면, 아기자기한 소품과 위트 넘치는 인테리어, 하루 종일 머무른다고 해도 전혀 질릴 것 같지 않을 만큼 다양한 경험을 제공하는 공간 구성 등 해야 할 얘기가 너무나 많을 것이다. 친구를 스무 명쯤 불러 함께 떠들어도 좋을 만한 넉넉한 소파가 있고, 아이들이 숨바꼭질을 하자고 조를 것 같은 키즈 하우스 느낌의 즐거운 곳도 있다. 가만히 앉아 책을 읽을 만한 곳도 있고, 우아하게 잉글리시 티를 마실 수 있는 특별한 공간도 있다. 카페 위를 가장 특별하게 만드는 건, 이 모든 공간이 너무나도 자연스럽게 이어져 있다는 것이다. 어디 하나 어색하거나 어울리지 않는다는 생각이 들지 않는다. 이렇게 공간이 나뉘어 있는 게 당연한 것처럼 이곳을 찾은 이들도 각자 원하는 취향대로 스스럼없이 카페 위를 맘껏 즐긴다.

HOME STYLING IDEA 1 카페 위가 스스럼없이 즐길 수 있는 곳이라는 인상을 받게 되는 건, 사슴과 기린, 코끼리의 동물 인형들이 벽에 걸린 모습을 보는 순간이다. 위쪽에 늘어뜨린 커다란 샹들리에와, 아래쪽에 자리잡은 수많은 쿠션과 소파, 보는 순간 웃음짓게 만드는 동물 인형 헌팅 트로피 덕분에 이곳에서 유쾌하고 재미난 일이 벌어질 것만 같은 상상에 빠지게 된다. 건너편에는 커다란 숫자가 적힌 스티커가 붙어 있고, 그 아래에는 나란히 키를 맞춘 작은 의자와 소박한 분위기의 나무 수납장이 놓여 있다. 그 옆에는 나무 목마가 흔들리며 반긴다. 귀여운 아이가 금방이라도 웃으며 달려 나올 것만 같은 멋진 공간이다. 이렇듯 소품을 자꾸 바라보고 즐길 수 있도록 만드는 것이 공간 스타일링의 기본이라는 진리를 다시 한번 느끼게 된다.

01 2층에는 좀 더 프라이빗하게 얘기를 나눌 수 있도록 구분된 공간이 있다. 하지만 외부의 햇빛을 충분히 받을 수 있도록 한쪽 벽면을 오픈해 훨씬 생동감 넘친다.

02 위쪽의 복층 공간에서 바라본 1층 입구의 모습.
아이들이 좋아할 만한 다양한 소품과
트레이드 마크가 된 귀여운 헌팅 트로피까지.
이곳에 들른 이들의 기분을 즐겁게 만들어준다.

04 복층의 아래쪽 공간은 누군가의 집에 놀러 온 것처럼 편안하고 소박한 느낌을 주는 소품과 가구가 즐비하다. 꽤 많은 수의 사람이 모여야 한다면, 이곳을 강추.

5

6

05 아기자기한 느낌의 주방
06 전등 유리에 작은 레고 모형을 넣어
재미있게 스타일링한 색다른 조명.
루밍(69p 참고)에서 판매하는 제품.

07 화이트 컬러와 자연스러운 나무를
함께 사용한 프로방스풍의 가구로 꾸며진 2층 공간.

작은 소품으로 만들어 낸 로맨틱한 공간

나무 난간을 따라 위층으로 올라서면 도트 문양의 쿠션이 놓인 앙증맞은 크기의 아이 의자와 채도를 낮춘 에메랄드 컬러의 나무 계단이 나타난다. 나무 계단에 놓인 토끼를 지나 위층으로 들어서면 나무 테이블 위에 사랑스런 밤비가 누워 있고, 안쪽은 눈부신 햇살로 가득하다. 외부로 바로 연결되는 발코니가 빛으로 둘러싸인 오픈 공간이라면, 안쪽에는 로맨틱하고 우아한 윙체어를 클래식한 얇은 시어 커튼으로 둘러싼 프라이빗한 공간이 자리잡고 있다. 조금 더 걸음을 옮기면 경쾌한 컬러의 의자와 테이블이 놓인 또 다른 공간이 나온다. 마치 앨리스의 원더랜드처럼 걸음을 옮길 때마다 완전히 다른 세상이 펼쳐진다.
HOME STYLING IDEA 2 언뜻 지나치기 쉽지만 조금 더 자세히 들여다보면, 조명 안쪽에는 귀여운 레고가 들어 있고, 아기자기한 식물과 액자들, 유리 화병이 창문 아래 놓인 낮은 벤치와 낡은 서랍장 위를 채우고 있다. 액자와 포스터, 잡지에서 오려 낸 듯한 오래된 사진들로 채워진 벽을 따라 가끔은 이곳이 런던의 작은 골목이 되기도 했다가, 오래된 스코틀랜드의 성이 되기도 했다가, 파리 근교의 멋진 로프트가 되기도 한다. 이렇듯 작은 소품 하나하나가 제 역할을 하면서 카페 위는 좀 더 특별한 곳이 되어간다. **HOME STYLING IDEA 3** 게다가 격자무늬의 바닥에는 마치 물감이 번지듯, 흰색의 페인트를 흘려 놓기까지 했으니, 이곳이 작은 부분에 얼마나 신경을 쓰고 있는지는 더 설명할 필요가 없다.

카페 위가 앨리스의 원더랜드와 다른 점이 딱 하나 있다면, 우리는 토끼를 따라갈 필요 없이 언제든 찾아갈 수 있다는 것!

08 2층 계단을 따라 올라서면 중앙에는 밤비가 놓인 작은 원형 테이블을 만날 수 있다. 장난감을 인테리어 요소로 적절히 활용한 센스가 돋보인다. 또한, 물감이 번지듯 페인트 처리한 바닥으로 위트 넘치는 공간이 구성되었다.

124p

HOME
STYLING
IDEA1

국민 공작, 헌팅 트로피

헌팅 트로피는 이제 국민 공작이라는 칭호를 얻었다. 도면을 쉽게 구할 수 있어 우드락이나 합판 등을 사용해 제작하는 이들이 늘어난 것. 북유럽을 가장 쉽고 빠르게 느낄 수 있는 방법은 헌팅 트로피를 복도나 문, 침대 위쪽에 걸어두는 것이다. 최근에는 만드는 이들이 저마다의 개성을 드러내기 시작하면서 조금 발전적인 형태의 헌팅 트로피가 늘어나고 있는데, 컬러를 바꿔주거나 자투리 천으로 재미를 주는 것쯤은 기본이 되었다. 펠트나 직접 짠 니트를 입혀주는 등 전문가 못지않은 솜씨를 보여주는 이들이 많아졌다. 이것마저 심심해 보이는지 선글라스를 씌우고, 목걸이를 해주는 등 애교 만점의 헌팅 트로피를 올려놓은 블로거들도 많다.

카페 위의 동물 인형 헌팅 트로피는 몇몇 사이트의 해외 구매를 통해 구입할 수 있다. 물론 약간의 손재주만 있으면 직접 만들어보는 것도 좋다. 만약 남들과 다른 독특한 디자인의 헌팅 트로피를 원한다면, 빌트 바이(builtby.co.kr)샵을 추천한다. 카모플라쥬 문양과 다양한 문양이 뒤섞인 홀리데이까지, 다양한 헌팅 트로피를 만나게 될 것이다.

밝고 로맨틱한, 아이와 어른을 함께 웃게 만드는 공간을 원한다면 카페 위를 참고할 것.
아기자기한 소품과 카페 위만의 스타일링이 집안을 훨씬 매력적으로 보이게 만들어줄 것이다.

129p

HOME
STYLING
IDEA2

아 기 자 기 한   빈 티 지   소 품 을   찾 는 다 면 !

카페 위에서는 아기자기한 소품들을 많이 만날 수 있다. 파리와 런던의 스케
치부터 작은 장난감이 들어 있는 독특한 조명까지 어느 것 하나 마음에 들지
않는 것이 없다. 밝고 아기자기한 소품을 찾는다면 다음을 참고하길. 아이를
위한 소품들을 만날 수 있는 곳까지 함께 담았다.

더올드시네마
작고 아기자기한 잉글리시
빈티지 제품 판매
theoldcinema.co.kr
070.8273.2018

5층 아파트
일본풍의 북유럽 소품들을
만날 수 있는 곳
5apt.net
02.515.9557

올드시티
다양한 소품들을 판매
oldcity.co.kr
070.4220.9920

플레이스 모리
30~40년대 아메리칸 모던 클래식
빈티지 가구와 소품 판매
서울시 종로구 창덕궁길 141
070.8226.4796

트로야
북유럽 스타일의 특별한
흔들목마 업체로 베페몰이나
신세계 몰 등에서 판매 중

요술나무
사랑스러운 디자인과 여자아이들을
위한 소품이 가득한 곳
yosulnamu.com
010.8966.9915

HOME
STYLING
IDEA3

액 자 로   벽   채 우 기

카페 위에는 액자가 멋스럽게 자리잡고 있다. 액자 안에 넣을 그림이 없다고 고민할 필요는 전혀 없다. 카페 위처럼 잡지에서 오려낸 그림이나 여행지에서 사온 엽서, 혹은 텍스트로 가득한 기사를 액자에 끼워 넣어도 멋스럽다. 혹은 하나의 그림을 두 개나 세 개의 액자에 나누어 넣어두는 것도 좋은 스타일링 법. 무거운 컬러의 가구 위에는 액자 대신 포스터를 붙이는 것도 좋은 방법이다. 액자의 컬러는 벽면과 보색을 고르거나 벽면의 컬러와 같은 컬러를 선택해 액자가 사라진 듯한 착시효과를 주는 것도 좋다. 액자를 걸지 않고 세워둘 때는 미끄러지지 않도록 테이프를 살짝 붙여두는 팁도 잊지 말자.

Merci

파리지앵의 로맨틱 빈티지, **메르시**

파리 마레 지구에 위치한 편집샵, 메르시. 이곳은 파리지앵이 사랑하는 옷과 꽃, 테이블 웨어와 책, 그리고 소품들로 가득한 원더랜드이다. 이곳에 감명을 받은 플로리스트가 한국으로 돌아와 메르시를 오픈했다. 아마도 디자인을 사랑하는 이들만이 느낄 수 있는 동질감. 혹은 막연한 동경이 메르시의 시작이었는지 모른다. 하지만 메르시는 파리지앵의 자유로움뿐 아니라 한국의 젊은이들만이 가질 수 있는 특별한 감성으로 가득 찬 매력적인 곳이다. 그래서 아마도 우리는 이곳에서 파리의 이국적인 향취와 함께, 늦은 저녁 스스럼없이 잠깐 들러 머무를 수 있는 친구의 집 같은 편안함을 느끼게 되나 보다.

Shop info

플로리스트가 오픈한 플라워 카페인 만큼 예쁜 꽃과 아기자기한 소품들을 맘껏 즐길 수 있다. 꽃과 화분, 티포트와 독특한 빈티지 오브제들은 플로리스트인 오너가 직접 공수해 온 것으로 구입도 가능하다고. 플라워 카페인 만큼 자연스럽게 레슨도 가능하다.

>> **주소** 서울시 서초구 서래로 8
>> **문의** 02.596.3758

01 다양한 컬러와 향기를 품은 꽃장식이 나무 테이블의 자연스러운 매력을 더욱 돋보이게 만들어 준다.

파리지앵의 믹스&매치

메르시의 매력은 한쪽 벽면을 가득 메운 이국적 소품들 사이로 자연 그대로의 투박함이 묻어나는 화기들에 모습에서 가장 잘 드러난다. 어떤 공간이든 공간의 인상을 결정짓는 부분이 있게 마련인데, 메르시에서는 화기가 놓인 벽면의 선반이 그 역할을 하고 있다. 플로리스트인 오너의 투철한 직업 정신과 고급스러운 취향 덕분에, 벽면을 가득 메운 소박한 화기들은 그 자체만으로도 충분히 훌륭한 인테리어가 된다.

HOME STYLING IDEA 1 특히 내추럴한 컬러의 화기들이 실용적인 철제 앵글선반에 놓인 모습은 다양한 소재의 믹스&매치가 독특한 아름다움을 줄 수 있다는 진리를 그대로 보여준다. 꽃과 식물, 화기가 각각의 오브제로 서로 어우러지면서 빛을 발하는 것이 메르시의 가장 큰 매력이다. 여기에 다양한 컬러와 향기를 품은 꽃 장식, 티포트와 독특한 빈티지 오브제 등 이국적인 향취의 다양한 소품들이 더해져 메르시는 마치 작은 정원에 들어선 듯 조금은 비밀스럽고 조금은 특별하다.

02 꽃과 식물, 화기가 각각의 오브제로 어우러지는 공간. 특히 철제 앵글 선반에 다양한 크기의 화기를 놓아 플라워 카페의 분위기를 강조했다.
03 티포트와 같이 빈티지 느낌의 소품들과 꽃장식이 어우러져 이국적인 분위기를 연출했다.

다양한 소재를 이용한 로맨틱 빈티지

메르시에서 가장 마음에 드는 부분은 나무와 패브릭, 타일, 철재 등 다양한 소재를 적재적소에 사용하고 있다는 점이다. 아주 오래된 파리의 골목에서 만난 카페를 연상시키는 격자무늬 나무널이 인상적인 바닥과 차분한 그레이 톤의 노출 마감, 그리고 철제 선반과 타일을 붙인 카운터 등 다양한 소재의 믹스는 이곳을 빈티지한 매력으로 가득하게 만든 일등공신이다.

HOME STYLING IDEA 2 메르시라는 커다란 캔버스를 충실히 채우고 있는 것은 다양한 패턴과 컬러의 패브릭 의자와 오토만이다. 마감재가 비교적 오래된 빈티지의 매력으로 가득하다면, 안쪽을 채우고 있는 색색의 의자와 커다란 쿠션을 연상시키는 오토만은 이곳을 색다른 자유로움과 편안함으로 가득 채운다. 원하는 크기로 재단하기도 쉽고, 어떤 컬러와 패턴도 가능하다는 막강한 장점 덕분에 패브릭은 인테리어에서 가장 쉽게 변화를 줄 수 있는 소재이다. 게다가 가격까지 저렴하니 패브릭을 어떻게 활용하느냐에 따라 인테리어의 성공 여부가 결정된다고 해도 과언이 아니다. 이곳에서는 클래식한 스트라이프 패턴과 원목을 더한 레트로풍의 의자에서 그 힌트를 얻을 수 있다. 바로 도트문양이나 눈꽃문양과 같은 노르딕 패턴이나 영국풍의 체크나 스트라이프에 원목이 더해지면 빈티지한 느낌을 연출할 수 있다는 것이다.

03 낮은 암체어와 작은 테이블.
다양한 패턴의 따뜻한 패브릭 담요가 어우러져
한가로운 오후를 빛나게 만들어준다.
04 가운데 부분에 유리를 넣어 다양한
소품들을 전시한 아일랜드 형태의 카운터 테이블.
05 앞쪽에는 나무 테이블과 의자. 황동으로 제작한
빈티지한 조명이 더해져 아늑한 분위기를 연출한다.

HOME
STYLING
IDEA1

137p

꽃을 오브제로 활용하기

여건이 허락하기만 한다면 누구나 집 안에 정원을 만들고 싶어할 것이다. 하지만 식물은 키우기도 어렵고, 베란다에 정원을 만들기 위해서는 방수천, 배수판 시공을 마무리한 뒤, 부직포 위에 토양을 올리고 식재해야 하는 등 수많은 제약들 때문에 집 안에서는 섣불리 엄두를 내기 힘들다.

실내에서는 쉽게 자라는 아열대원산의 관엽식물을 놓아두는 것으로도 충분한 조경이 되니 참고할 것. 식물이 놓이는 위치나 목적을 잘 설명하고 식물을 구입하는 화원에서 추천하는 품종을 고르면 무리가 없다. 또한 식물 대신 주변에서 쉽게 구할 수 있는 나뭇가지들만으로도 내추럴한 집안 분위기를 연출하는 데 큰 도움이 된다는 것을 기억하자. 나뭇가지만으로 바뀌는 것들이 생각보다 많다.

>> Styling tip

1 약간의 감각만 있다면 꽃 대신 나뭇가지를 화병에 꽂아 놓아도 근사한 오브제를 만들 수 있다. 또한 조금 굵은 나뭇가지는 옷가지나 열쇠고리를 걸어 놓는 선반으로 활용해도 좋고, 손재주가 있다면 나뭇가지를 적당히 엮어 전등의 갓으로 활용하는 것도 훌륭한 인테리어 아이디어. 주방 앞의 작은 창문 위쪽에 커튼 봉으로 활용해도 좋다. 나뭇가지에 리본을 매달거나 투명 구슬을 매다는 등 다양한 장식을 덧붙이는 것도 재미있는 방법이다.
2 나뭇가지를 그대로 사용할 수도 있지만 페인트를 칠하고 니스로 마감하면 좀 더 독특한 질감을 낼 수도 있다. 단, 건조하면 쉽게 부러질 수 있으니 잔가지는 미리 잘라두는 게 좋다.

간단한 아이디어만으로 계절에 맞춰 집을 새롭게 스타일링 하는 가장 쉬운 방법은?
바로 패브릭과 식물을 활용하는 것. 메르시에서 배운 식물과 패브릭 활용 비법을 모았다.

HOME
STYLING
IDEA2

138p

패브릭으로 공간 바꾸기

계절이 바뀔 때 가장 쉽게 분위기를 바꿀 수 있는 것이 바로 패브릭. 소파 전
체를 천갈이하기보다는 쿠션을 활용해보기를 권한다. 어떤 색깔과도 잘 어울
리는 베이직한 컬러를 베이스 쿠션으로 배치하고, 계절이 바뀌거나 인테리어
에 변화를 주고 싶을 때 다양한 컬러와 패턴의 쿠션을 매치한다. 쿠션은 몸에
닿는 면적이 많은 만큼 면이나 린넨처럼 부드럽고 내추럴한 소재를 선택하는
것이 좋다. 여기에 계절에 따라 니트나 퍼를 더하면 훨씬 스타일리시하고 따
뜻한 느낌이 더해진다. 또한 자투리 천을 발걸이 등에 활용하면 훨씬 세련된
거실을 만들 수 있다.

>> Styling tip

1 패브릭은 이 외에도 다양하게 활용할 수 있는데, 조명 갓이나 벽면에 걸어두는 태피스트리
로 활용해도 좋다. 오래되어 낡은 조명 갓을 패브릭으로 덮어 씌우면 완전히 새로운 느낌의
조명이 탄생한다. 자연스러운 주름이 지도록 린넨을 활용하거나 따뜻한 느낌의 펠트를 사용
하면 좋다. 태피스트리로 활용할 때는 와이어로 천정에서 내리거나 나뭇가지에 슬쩍 걸쳐두
는 것만으로도 멋진 인테리어 아이템이 완성된다.

2 만약 북유럽 스타일을 연출하기 원한다면 마리메코의 대담한 패턴을 추천한다. 경쾌한 패
턴이 공간에 활기를 불어넣는다. 키티버니포니의 다양한 패브릭과 쿠션을 이용해도 좋다. 여
기에 초록, 노랑, 오렌지색 등 자연에서 온 컬러의 소품을 더하는 것만으로 트렌디하면서도 편
안한 북유럽 스타일을 완성할 수 있다. 중요한 건 자연에서 온 밝고 선명한 컬러여야 한다는
것. 이 외에도 Skan이나 키티버니포니 등 북유럽 풍의 패브릭을 구매할 수 있는 곳이 많으니
참고하자.

Skan
서울시 강남구
압구정로14길 30
02.3444.0608

키티버니포니
서울시 마포구
와우산로22길 74
02.322.0290
kittybunnypony.com

마리메코
서울시 강남구
신사동 535-18
02.515.4757
marimekko.kr

Agreable

비밀의 정원, **아그레아블**

사랑하는 누군가에게 설레는 마음을 은유적으로 표현하려고 한다면, 누구든 꽃을 떠올리게 될 것이다. 사람의 마음을 기쁘게 한다는 의미의 아그레아블은 바로 그 두근거리는 순간을 고스란히 한 프레임에 담은 공간이다. 꽃과 식물 냄새가 공간의 밀도를 높여주는 아그레아블은 플라워 카페라는 이름보다는 작은 식물원 속 비밀의 정원이라는 이름이 더 잘 맞는 곳이다.

Shop info

이곳에서는 맛있는 커피와 과일 주스 뿐 아니라 플라워 카페답게, 국화, 쟈스민 등 유명한 플라워 티를 만날 수 있다. 또한 카네이션과 금잔화 등 특별한 플라워 티도 준비되어 있다. 꽃향기에 젖어보고 싶은 특별한 날이라면 꼭 들러봐야 하는 곳.

>> **주소** 서울시 강남구 역삼로 110 태양21빌딩 1층
>> **문의** 02.543.9945

식물을 멋스럽게 연출하는 비법

일상에서 식물을 가까이 느끼는 것은 분명 즐거운 일이다. 하지만 아름다운 꽃에 둘러싸여 있는 곳에서도 가끔은 불편함을 느끼게 되는 경우가 있다. 어떤 곳들은 지나친 장식 때문에 오히려 불편하기도 하고, 또 어떤 곳들은 꽃들이 주인인 곳에 잠시 들른 것처럼 뭔가를 마시며 쉰다는 기분이 들지 않을 때도 있다. 아그레아블은 우리가 주인이 되어 아름다운 꽃들을 적당히 즐기기도 하고, 편안한 기분으로 쉴 수도 있는 곳이다. 이곳의 1층은 아주 예쁜 플라워 샵이다.

HOME STYLING IDEA 1 차분히 둘러보면서 식물을 키우는 방법이나 연출하는 비법들을 슬쩍슬쩍 엿볼 수 있는데, 토분이나 양철통, 밀짚을 엮은 화분으로 식물을 더욱 돋보이게 만드는 방법이다. 높이가 서로 다른 식물을 배치하는 방법 등 실용적인 방법들에 대한 팁도 쉽게 얻을 수 있다. 특히 화려하거나 과하지 않으면서 공간을 단단하게 받쳐주는 소박한 식물들을 골라낸 이들의 안목은 믿고 따라 할 만한 것들이다.

01 2층 안쪽에는 창가에서 이어지는 커다란 테이블이 눈에 띄는데, 창가에 놓인 작은 식물과 화병들이 클래식한 매력의 가구와 더해져 멋스럽게 느껴진다.

2

3

02 2층으로 올라가면 빈티지하고 중후한 느낌의 펜트리와 편안하고 안락한 의자가 조화를 이룬 세련된 공간을 만날 수 있다.
03 입구에는 클래식한 느낌의 테이블과 의자가 식물들과 어우러져 자연스러운 매력을 뽐내고 있다.

04 천장 조명 위쪽에는 마치 커다란 화분처럼 다양한 식물을 섞어 놓았다.
식물을 조명으로 활용한 놀라운 아이디어가 엿보이는 이곳만의 매력.

플라워 카페라는 아이덴티티가 돋보이는 연출법

2층으로 올라가다 보면 누구나 계단을 한두 개쯤 남겨두고 멈춰 서게 된다. 1층에서 올려다 보면 커다란 샹들리에가 보이는데, 계단을 올라오다 보면 그 샹들리에가 사실은 아주 커다란 행잉 화분이라는 것을 깨닫게 된다. 샹들리에의 윗부분은 아름다운 꽃과 화분으로 가득 차 있는데, 두드러지지는 않지만 플라워 카페라는 아이덴티티를 슬쩍 공간에 더해 놓은 솜씨가 매력적으로 느껴지는 순간이다. 꼭 있어야 할 장소에만 놓여진 작은 화분과 꽃 장식에서는 사람을 불편하게 만드는 과장됨을 찾을 수 없다. 테이블마다 놓여진 꽃 장식에서는 플로리스트의 손길이 담긴 세련됨만이 느껴질 뿐이다.

가구나 마감재도 단순하고 세련되고, 군더더기가 없다. **HOME STYLING IDEA 2** 낡은 듯한 느낌이 오히려 자연스럽다는 것을 잘 보여주는 테이블들이 정겹기만 하다. 나무로 마감한 벽면은 오랜 세월 그곳에 있었던 것처럼 자연스럽고 안락하다. 그리고 벽면을 따라 이어진 가죽 시트로 빈티지한 멋을 더하고 베이지와 카키색 쿠션을 놓아 차분하게 공간을 완성했다.

05 정통 유러피안 마감방식인 사각형의 패널로 벽면을 채웠다. 세련되고 클래식한 매력이 더해져 이곳의 분위기를 완성한다.

144p

HOME STYLING IDEA1

가구와 식물의 믹스 & 매치

낡은 의자나 삐걱거리는 나무 벤치는 쓸모 없는 가구가 아니다. 오랜 세월을 지나 낡은 듯한 느낌이 훨씬 세련된 공간을 만들어줄 수 있다. 낡은 가구 위에 작은 토분의 키가 작은 식물을 늘어놓으면 근사한 공간이 완성된다. 어떻게 믹스해야 할지 고민할 필요 없다. 아그레아블에서 본 것처럼, 다양한 종류의 식물들을 적당히 늘어놓는 것만으로도 멋지게 완성된다. 테이블에 꽃 장식을 올려놓을 때도 화려한 꽃을 선택하기보다는 식물의 줄기를 이용하는 것이 좋다.

자연스럽고 기품 있게 식물을 배치하는 방법을 배울 수 있다. 낡은 의자, 양철통, 사다리, 바구니 등
흔히 볼 수 있는 사물들이 식물과 어우러져 세련된 멋을 더한다.

147p

HOME
STYLING
IDEA 2

낡은 테이블, 리폼으로 새것처럼 만들기

낡은 테이블을 간단하게 리폼해 새로운 테이블로 바꾸어 분위기를 바꿔보자.
테이블이나 책상, 혹은 의자에 적용해보는 것도 좋다. 방법은 아주 간단하다.
테이블의 다리 부분을 자투리 천을 이용해 감싸는 것. 이 간단한 방법만으로
굵히거나 낡아서 보기 싫었던 테이블 자국을 감추거나 책상에 어지럽게 연결
되는 선들을 안쪽으로 간단히 밀어 넣어 깔끔하게 사용할 수 있을 것이다. 원
형으로 길게 이어지도록 뜨개질로 원하는 컬러나 문양을 넣어 마감하면 훨씬
세련된 테이블을 만들 수 있다. 블루와 레드를 믹스해 최근 유행하는 유니온
잭 문양처럼 보이도록 만들거나 테이블의 컬러와 비슷한 천을 선택해 깔끔하
게 만드는 것을 추천한다.

05

가로수길이나 홍대를 걷다 보면 어느 곳은 피렌체의 우아한 카페를 연상시키고, 어떤 곳은 바르셀로나의 시에스타처럼 나른함으로 가득하다. 하나의 길을 따라 전혀 어울릴 것 같지 않은 공간들이 아무렇지 않게 자리를 차지하고 있다. 그 낯설음은 우리에게 언제나 두근거림을 준다. 호기심 어린 눈으로 보면 훨씬 더 다양한 세상을 만날 수 있다.

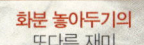

독특한 조명으로
분위기를 바꾸는 힘

UNIQUE
유니크 스타일 인테리어

빈티지한
소품과 가전

화분 놓아두기의
또다른 재미

Cafe, Tolix

빈티지한 스타일링 카페, **카페 톨릭스**

카페 톨릭스. 이곳의 가구들은 대부분 프랑스 톨릭스Tolix사의 제품이다. 톨릭스는 세계적인 철제 의자 브랜드로 철판 한 장을 구부려 만드는데, 그만큼 심플하고 가벼우며, 쌓아 놓기도 쉬워 유럽의 카페에서 가장 많이 만나게 되는 제품이다. 카페 톨릭스에는 톨릭스의 낡은 의자들이 즐비하다. 디자인 컬렉터인 카페 톨릭스의 대표가 20~30년대 톨릭스 제품을 편애하기 때문이다. 매끄럽거나 세련된 현재 모델과 달리 조금 거칠고 투박한 매력이 있는 빈티지 톨릭스 체어가 그의 마음을 끌어당겼다고 한다. 빈티지를 얘기할 때 가장 먼저 얘기하게 되는 톨릭스, 그리고 톨릭스를 가장 아름답게 보여 주는 카페 톨릭스에서 빈티지한 스타일링 노하우를 만난다.

Shop info

이곳은 톨릭스 의자만 특별한 것이 아니다. 커피 마스터 도재욱씨가 카페 톨릭스만을 위해 직접 로스팅한 커피빈을 사용해 부드러우면서도 입 안을 가득 메우는 커피 향을 잊을 수 없게 만든다. 뉴질랜드 스타일의 진한 에스프레소와 크리미한 우유를 더한 플랫 화이트도 한번 시도해 보길. 톨릭스의 매력에 흠뻑 빠지게 될 것이다.

>> **주소** 서울 용산구 한남대로 20길 55
>> **문의** 02.797.0313

빈티지홀릭이 만들어낸 부드러움의 공간

처음 카페 톨릭스가 문을 열었을 때, 커다란 철제 파티션과 네덜란드 성당 바닥에 깔려 있던 목재, 곳곳에 자리잡은 빈티지한 소품, 그리고 톨릭스라는 이름의 낡은 철제 의자가 조금 신기하고 낯선 분위기를 느끼게 했다. 하지만 사람들은 금세 이곳에 열광하게 되었다. 현대적이고 트렌디한 주상복합에 들어선 빈티지한 세상은 도심 속에서 만난 아주 특별한 오아시스였다.

한남동에 문을 연 카페 톨릭스는 누군가의 집으로 초대받은 듯한 정중함과 편안함을 동시에 느끼게 하는 곳이다. 창가에 놓인 램프가 정겹고, 음악이 흘러나오는 육중한 빈티지 스피커의 모습이 사랑스럽다. 적당히 손때 묻은 가죽 소파는 그대로 집으로 가져오고 싶을 만큼 안락하고, 안쪽까지 스며드는 햇빛은 눈부시다. **HOME STYLING IDEA 1** 따뜻해 보이는 느낌의 그레이 컬러 소파에는 타탄 체크의 쿠션이 슬쩍 얹어져 있다. 체크 문양을 가장 잘 사용하는 비법은 그레이 컬러나 모노 톤과 믹스하는 것이라는 법칙이 이곳에서도 적용된다.

조금이라도 이곳을 눈여겨본다면 눈치채겠지만, 톨릭스 의자뿐 아니라 세련된 형태의 빈티지 소품들로 채워진 카페 톨릭스의 모습은 어느 것 하나 어울리지 않는 것 없이 하나의 목소리를 내고 있다. 자세히 보니 카페를 둘러싼 배관의 컬러마저 빈티지스럽다. 과하지 않고 부드럽게 빈티지를 흡수한 느낌이랄까? 계단 아래쪽에 아무렇게나 쌓아놓은 의자와 조명이 멋스럽게 보이는 이유도 바로 빈티지한 스타일이 공간 전체에 스며 있기 때문일 것이다.

01 빈티지한 소품들로 채워진 계단 아래쪽 공간. 그냥 지나칠 수 있는 작은 공간마저 사랑스럽다.
02 음악이 흘러나오는 육중한 스피커와 다양한 파티를 가능하게 하는 디스플레이가 인상적인 1층 공간.

03 빈티지한 의자들과 함께 모노톤의 패브릭 소파를 더했다. 자칫 심심할 수 있는 소파에 체크 문양 쿠션을 더하니 훨씬 안락하면서도 멋들어진 공간이 완성되었다.

04 화려한 미러볼이 인상적인 2층 공간. 곳곳의 빈티지한 소품과
가구들이 이곳을 이국적으로 느끼게 만든다.

주물이 주는 경쾌한 매력

빈티지의 무거운 모습 대신 즐겁고 경쾌한 분위기를 원한다면 2층을 추천한다. 특히 레드와
민트, 그린 컬러의 의자가 자칫 무거워 보일 수 있는 빈티지한 공간에 특별한 활력을 더해준다.
철제 주물로 만들어진 핸드레일을 따라 2층으로 올라서면, 밝은 빛이 카페 안쪽까지 스며들어
모든 것이 두 배쯤 밝고 자유로운 느낌을 받게 될 것이다. 계단 위쪽에 매달린 커다란 미러볼 아
래 낡은 피아노가 한켠에 놓여 있고, 창문 밖으로는 햇빛이 가득한 골목이 언뜻언뜻 보인다. 금
요일에는 재즈 공연이 펼쳐지기도 하는 꽤 멋진 공간이다.

HOME STYLING IDEA 2 카페 톨릭스는 계단의 난간이나 철제 손잡이, 칠이 벗겨진 문틀 등 구석
구석에 빈티지의 향기를 담아 놓았지만 오래되었다는 느낌보다는 이곳을 찾은 이들의 정서와
기억이 담긴 소중한 아지트처럼 느껴진다. 아마도 주물이 주는 고유의 느낌 덕분일 것이다.

언제 들러도 늘 같은 모습을 지닐 것 같은 안도감을 주는 카페. 이것이 카페 톨릭스가 사랑
받는 이유일 것이다.

05 레드 컬러가 인상적인 톨릭스 사의 빈티지 의자를 창가에 놓으니,
유럽에서 만난 한 장의 사진을 보는 것처럼 아름답게 느껴진다.

154p

HOME
STYLING
IDEA1

어울리는 쿠션 찾아내기

쿠션은 구매도 쉽고 만들기도 쉬우니 계절별로 다양한 제품을 구비하는 것이 좋다. 카페 톨릭스처럼 기본적인 컬러인 그레이 컬러와 베이지 컬러를 구비하고, 여기에 체크 패턴이나 일러스트가 들어간 제품을 함께 놓으면 멋진 스타일링이 완성된다. 쿠션은 몸에 닿는 면적이 커 몸에 닿았을 때 부드러운 면이나 리넨 소재가 좋다. 계절에 따라 마, 니트 등을 추가하면 된다. 만약 쿠션의 패브릭을 직접 구매해 제작한다면, 조금 넉넉히 구매해 조명의 갓으로 활용하면 세트 느낌을 줄 수 있으니 참고할 것.

패브릭은 동대문종합시장과 반포터미널 상가 등에서 쉽게 구할 수 있다. 이곳에서 직접 만져보고 고르거나 다른 사람들의 쿠션 코디 비법을 참고하는 것도 좋다.

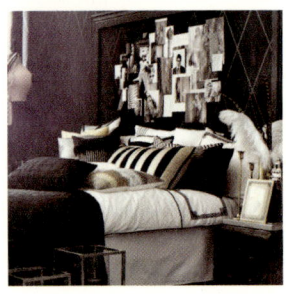

빈티지한 낡은 의자와 나무 테이블, 그레이 컬러의 소파와 체크 문양의 쿠션을 어울리게 하고,
철제 주물 손잡이와 철제 난간이 주는 따뜻함을 만난다.

HOME
STYLING
IDEA2

철제 주물로 집안 분위기 바꾸기

블랙 철제 핸드레일은 카페 톨릭스를 빈티지하면서도 세련된 곳으로 만들어
준 일등공신. 또한, 철제 주물 손잡이나 벽에 걸어둔 철제 빈티지 옷걸이 훅
은 작은 소품 하나가 얼마나 공간을 새롭게 바꿔주는가를 보여준다. 훅 대신
에 촛대나 랜턴 등을 걸 수 있는 스콘스 걸이를 입구나 복도에 걸어두면 그것
만으로도 큰 인테리어 효과를 볼 수 있으니 참고하길. 철제 주물 소품으로 공
간에 활력을 더해보자.

쇳대박물관
철제 제품 판매, 제품의
주문생산도 가능한 곳
서울시 종로구 이화장길 100
02.766.6494

아트앤크래프트
인더스트리얼한 가구들과 철제
빈티지를 만날 수 있는 곳
artncraft.kr

빈티지 다락방
영국의 오리지널 빈티지 제품들을
만날 수 있는 곳
vintagedaracbang.com

블루 데이지
아기자기한 빈티지 소품을 파는 곳
bluebluedaisy.co.kr

카페 단
철제 가구와 조명, 소품 등을
판매하는 곳
cafedann.com

로스트 앤 파운드
빈티지한 소품과 가구를 판매하는 곳
lostnfound.kr

파레트 아트
원목 테이블을 직접 제작할 수 있는 곳
경기도 광주시 오포읍 문형리 561-6
031.762.0861

거꾸로 가는 자전거
빈티지 트렁크와 낡은 철제 캐비닛 등
다양한 빈티지 소품을 판매
경기도 용인시 수지구 신봉1로
369번길 26 20
031.266.3565

Cafe, Comma

성실한 북 카페, **카페 콤마**

출판사 문학동네가 운영하는 카페 콤마는 책에 대한 애정이 고스란히 담겨 있는 곳이다. 창작과비평사의 '인문카페 창비'나, 문학과지성사의 'KAMA', 자음과모음 사의 '자음과모음' 등 출판사들이 경쟁적으로 북 카페를 여는 이유는 책을 잘 읽지 않는 독자들 때문이다. 마케팅이나 매출 때문만은 아니다. 출판사의 북 카페는 단순히 책으로 벽을 장식한 카페가 아니라 책을 읽는 문화를 만들어내기 위한 신의 한 수다. 책을 읽는 가장 편안한 곳을 찾는다면, 카페 콤마가 좋은 해답이 될 것이다.

Shop info

문학동네가 운영하는 카페 콤마는 특별한 것보다는 모든 사람들이 좋아할 만한 소박함을 담고 있다. 서가에 꽂힌 책들을 읽으며 차 한 잔 마시기에 딱 좋다. 이곳에 진열된 책들은 서점에서 판매되지 않아 반품된 리퍼브 제품으로 50% 정도 할인된 가격으로 살 수 있다.

>> **주소** 서울시 마포구 어울마당로 44-1
>> **문의** 02.323.8555

01 복층구조로 되어 있는 이곳은 위층까지 이어진 전면의 커다란 창이 가장 인상적인 곳. 하루 종일 따뜻한 햇볕과 안락한 분위기를 느낄 수 있다.

02 작은 초를 연상시키는 독특한 형태가 인상적인 조명. 눈에 피로감을 주지 않도록 위쪽에 조명을 배치한 것이 특징이다.

03 책과 책 사이의 북앤드 역할을 하는 철제 프레임이 인상적인 책 선반.

책, 조명, 편안한 의자 구성으로 이어지는 북 카페의 공식

조용한 곳에서 책을 읽기 위해 카페를 찾아가는 이들과 커피를 마시며 편안히 앉아 책 읽기를 원하는 이들이 모이는 북 카페. 마치 닭이 먼저인가, 달걀이 먼저인가를 묻는 해묵은 이야기처럼 북 카페는 무엇이 먼저랄 것도 없이 세상에서 가장 근사하게 어울리는 책과 커피라는 두 가지 매력적인 요소가 자연스럽게 어우러진 곳이다.

HOME STYLING IDEA 1 카페 콤마는 북 카페의 공식에 충실하다. 15단에 이르는 벽면을 꽉 채운 책장과 5천 종의 책, 눈을 편안하게 해주는 부드러운 조명과 편안한 의자까지. 이곳의 가구들은 책을 읽는 즐거움을 누릴 수 있도록 많은 것들을 배려하고 있다. 여기에 메자닌 형태(복층 혹은 중층)로 2층까지 이어지는 높은 천장과 커다란 창문, 또각거리는 발소리가 들리지 않도록 신경 쓴 바닥재와 책장을 오르내릴 수 있도록 만든 철제 사다리가 더해져 책을 읽기 위한 환경이 완벽하게 갖춰져 있다. 덕분에 지나치다 우연히 이곳을 들른 이들도 자연스럽게 책장의 책을 꺼내 들게 된다.

책장을 넘기는 소리만이 가득한 카페 콤마

몇몇 북 카페가 책을 카페의 장식품으로만 여기던 모습에 실망했던 이들에게, 혹은 서점에 서서 아픈 다리를 주무르며 책을 읽던 이들에게 카페 콤마는 오아시스와도 같을 것이다. 종이 책을 손으로 넘기며 느끼는 감성적인 경험이 점점 잊혀져 가고 있는 시대에, 카페 콤마는 책이 손에 닿을 수 있는 아주 가까이 있는 좋은 친구이자 휴식이라는 것을 말한다.

입구에 들어서자마자 보이는 책이 빼곡하게 꽂혀진 책장은 탐이 나고, 레일이 달린 책장의 사다리는 궁금해진다. 소박한 나무 의자는 마치 어린 시절 교실을 연상시켜 정겹다. 2층은 좀 더 조용한 분위기를 원하는 이들에게 인기다.

HOME STYLING IDEA 2 이곳에는 나무 선반이 달린 책장을 볼 수 있는데 책장은 철제 칸막이를 적당한 간격으로 세우고, 비슷한 종류의 책으로 친절하게 나누어 꽂아 놓았다. 책장 옆에는 낡은 빈티지풍의 플로어 스탠드를 세워 놓았다. 아마도 TV를 없앤 누군가의 거실에서 가장 흔하게 볼 수 있는 스타일링이 아닐까? 이렇듯 책을 어떻게 하면 집 안에서도 잘 활용할 수 있을까 하는 생각이 들게 하는 것만으로도 카페 콤마의 역할은 충분하다. 카페 콤마에서는 조용히 책장을 넘기는 소리로 가득한 도서관이나 불편한 서점, 떠들썩한 카페가 줄 수 없는 아날로그적인 경험을 하게 될 것이다.

04 레일이 달린 책장의 사다리. 이동이 쉬울 뿐 아니라 위쪽의 책들을 쉽게 꺼낼 수 있도록 튼튼하게 제작했다.

서재의 모든 책을
50% 상시할인합니다.

HOME
STYLING
IDEA1

책을 위한 조명

우리나라 사람들은 1500룩스 이상의 밝은 빛을 선호하지만, 적정 조도는 600
에서 800룩스 정도이다. 책을 읽기 위해서는 500룩스 이상의 밝은 조도가 좋
으며, 일정한 밝기의 빛을 위해 커튼이나 블라인드를 활용하는 게 좋다.
주황색의 백열등보다는 태양에 가까운 색을 선택하고 스탠드 조명을 사용하
는 것이 좋다. 스탠드로 많은 양의 빛을 확보하면, 동공이 커져 눈이 한결 편
해지고 피로감이 줄어든다. 빛이 고르게 퍼지도록 하는 것도 중요한데, 이를
위해서는 전구가 그대로 드러나지 않는 것이 좋다.
또한 책을 읽을 때는 눈으로 직접 비추지 않도록 스탠드의 위치를 뒤쪽으로
정하는 것이 좋다. 주로 사용하는 손의 반대 방향에 놓는 것도 방법. 스탠드
의 높이는 약 40cm 정도를 추천한다.

책 읽기에 가장 좋은 공간을 만들어 둔 카페 콤마처럼 눈을 피로하게 하지 않는
좋은 조명을 고르는 방법과 북 카페 스타일의 노하우를 담았다.

HOME
STYLING
IDEA2

북 카페 스타일의 책장 꾸미기

카페 콤마의 15단짜리 책장도 좋지만, 2층에 놓인 책장처럼 조금 낮은 높이의
책장도 활용도가 높다. 혹은 절반 정도만 책장을 짜고 나머지 부분에는 선반
을 달거나 낮은 서랍장을 함께 놓아도 좋다. 만약 벽면 전체를 책장으로 꾸미
고 싶다면 가로로 길게, 혹은 슬라이딩 도어를 달아 보기 안 좋은 것들을 가
리는 것이 좋다. 선반 하나 정도는 경첩을 달아 여닫을 수 있도록 문을 달아
두는 것도 좋은 인테리어 방법. 거실 공간에 여유가 있다면 책장과 책상 사이
에 가벽을 세워두어 프라이빗한 분위기를 만들어주는 것도 좋다.
책장에는 책뿐 아니라 다양한 소품을 활용해 꾸미는 것이 좋다. 특히 아기자
기한 북유럽의 소품을 사용하면 집안 분위기가 확실히 바뀐다. 다음의 사이
트를 방문해보자.

짐블랑
jaimeblanc.com

에이모노
amono.co.kr

드로잉앳홈
drawingathome.co.kr

트리앤모리
treeandmori.com

마마스코티지
mamascottage.com

노르딕 파크
nordicpark.co.kr

루밍
rooming.co.kr

키티버니포니
kittybunnypony.com

에이치픽스
hpix.co.kr

위싱보드
wishingboard.co.kr

5층 아파트
5apt.net

Tasting room

취향을 읽어내는 곳, **테이스팅 룸**

뉴욕의 여러 레스토랑을 디자인하고 컨설팅했던 건축가와 조명 디자이너 부부가 만든 와인 비스트로, 테이스팅 룸의 시작은 바로 여기서 출발한다.
이태원에 위치한 테이스팅 룸은 미국 남부의 크레올 요리를 위트 있게 해석한 레스토랑 미키크레올과 함께 운영된다. 크레올은 북아메리카나 라틴 아메리카에서 태어난 에스파냐인이나 프랑스인 또는 이들과 신대륙의 흑인 사이에서 태어난 이들을 가리키는 말이다. 미국 남부 루이지애나 주에 정착한 혼혈을 지칭하기도 하는데, 이들의 대표적인 음식은 케이준과 잠발라야처럼 프랑스 음식을 미국식으로 해석한 것쯤으로 보면 된다. 지하와 1, 2층이 연결되어 자연스럽게 다양한 분위기와 풍미를 맛보게 된다.

Shop info

낮에는 테이스팅 룸만의 특별한 라테와 뉴올리언즈 스타일의 도넛이 있는 카페로, 저녁에는 음식과 와인의 페어링을 테마로 한 레스토랑으로 변한다. 시칠리안 스타일의 플랫 브레드를 비롯해, 곱창 잠발라야, 팝콘 소금 아이스크림, 주꾸미 파스타, 라자냐, 수제비범벅 등 이탈리안 음식을 한국적인 조리법으로 재해석한 요리들은 의외성에서 나오는 위트와 감칠맛이 강점으로 꼽힌다. 특히 다른 곳에서는 본 적이 없는 커다란 카페 라테나 주먹 크기만한 모차렐라를 얹은 샐러드는 꼭 맛봐야 한다.

>> **주소** 서울시 용산구 이태원로 49길 13
>> **문의** 02.797.8202

01 한쪽 벽면에 거울을 달아 밝고 경쾌한 느낌을 주며,
전체적인 공간을 넓게 보여주는 효과도 주고 있다
특히 조명을 달아 포인트를 준 가운데 부분은 유니크한 분위기까지 더해준다.

독특한 형태를 이용한 공간 활용

테이스팅 룸은 골목과 골목이 만나는 모서리에 자리 잡고 있다. 덕분에 꽤 독특한 형태를 지니고 있는데, 테이스팅 룸은 이런 독특한 형태를 아주 자연스럽게 공간을 나누는 요소로 활용하고 있다. 입구에 들어서면 나무 패널로 이어진 좁은 길의 아래쪽이 훤히 내려다 보이는데, 위아래를 연결하는 것은 나무 계단뿐이다. 나무 계단에는 난간이나 손잡이 대신 꽤 많은 책들이 놓여 있다. 계단의 아래쪽에는 테이블 주위로 작은 테이블과 의자가 둘러싸고 있다. 벽에는 나무로 짠 기다란 벤치를 놓고 쿠션을 올려 편하게 앉아 얘기를 나눌 수 있도록 만들었다. 벽면에는 거울을 사용했는데, 전체적으로 밝고 넓어 보이는 효과를 줄 뿐 아니라 사각형의 나무로 만든 작은 테두리를 두르고 흰색으로 문살을 만들어 마치 커다란 창으로 밖을 내다보는 듯하다.

가장 맘에 드는 건 주방 앞쪽에 걸린 나무 문짝. 단단해 보이는 철제 고리에 걸려 있는 흰색 나무 문은 파티션의 역할을 톡톡히 하는데, 원하는 곳으로 위치를 바꿔 놓을 수 있어 꽤 유용하다. 이 문은 일층의 카운터 데스크 앞쪽에도 자리잡고 있다. 답답한 문으로 공간을 나누는 대신 문을 파티션처럼 매달아 열린 공간의 느낌을 강조하고 있다.

아래층과 달리 1층은 조금 더 로맨틱한 분위기다. 화이트 컬러의 문과 햇빛을 그대로 받아들이는 창문은 밝고 경쾌한 분위기를 만든다. 창가에 두른 밸런스 커튼과 낮고 소박한 테이블과 의자, 자연스럽게 드러난 조명과 굵은 밧줄로 묶어 고정한 나무 선반, 그리고 곳곳에 숨겨진 작은 소품들이 아기자기한 분위기를 더해준다.

02 철제 고리에 걸려 있는 흰색 나무문은 위치를 움직일 수 있어 유용하고 공간을 나누는 파티션의 기능뿐 아니라 공간을 스타일리시하게 만드는 주요한 요소이다.

의외의 소재로 즐거움을 찾기

2층은 부드러운 커튼 사이로 새어 나오는 빛과 곳곳에 숨겨진 조명으로 아늑한 느낌이 더해졌다. 게다가 카운터 아래쪽에는 스텐실로 숫자가 쓰인 수납장이 숨겨져 있다. 주방의 선반도 탐나는 물건. 철제 프레임을 매달고 그 사이에 나무 선반을 달았는데, 다양한 주방 소품을 올려놓거나 책이나 칠판을 걸어둘 수도 있고 아래쪽의 철제 봉에는 수건 등을 걸어놓을 수 있어 꽤 실용적으로 활용할 수 있는 똑똑한 아이템이다. 특히 어떤 선반을 선택하느냐에 따라 빈티지한 매력까지 더할 수 있으니 꼭 한번 시도해보자.

HOME STYLING IDEA 1 이곳의 조도를 맞추는 건 조명보다 커튼의 역할이 크다. 창가에 걸린 화이트 컬러의 얇은 패브릭 커튼은 빛이 부드럽게 스며들도록 만들어준다. 커튼을 작은 고리에 걸어 심플하고 자연스러운 스타일링 감각까지 돋보인다.

HOME STYLING IDEA 2 또한 검은색의 칠판을 꽤 적극적으로 이곳저곳에 사용하고 있는데, 메모판이 되기도 하고, 화장실의 문이 되기도 한다. 특히 이층에는 자세히 보지 않으면 화장실이라는 것을 알 수 없을 것 같은 초크보드 문이 꽤나 인상적이다.

03 주방의 수납장에는 스텐실로 번호를 달아 다양한 물건을 수납할 수 있도록 했다. 위쪽에는 나무 선반을 매달아 시선을 분산시킬 뿐 아니라 다양한 그릇을 올려놓는 실용적인 용도로도 사용한다.

04 별다른 마감을 사용하지 않은 자연스러운 벽면과 창문 틈 사이로
불어오는 바람에 흔들리는 하늘하늘한 커튼이 편안한 분위기를 만들어준다.

05 검은색 칠판을 활용한 화장실 문. 메뉴를 적어 놓은
캘리그라피가 이국적이면서도 위트 있는 분위기를 더한다.

172p

HOME
STYLING
IDEA1

커 튼 선 택 의 비 법

커튼의 종류는 하늘의 별만큼이나 많다. 커튼을 구성하는 요소만 해도 빛이 투과되는 가벼운 시어 커튼, 다른 커튼을 덮어두는 오버드래퍼리와 드로우 드래퍼리, 커튼을 붙잡아주는 홀드백, 커튼 띠를 이루는 태슬과 타이백 등 너무나 많다. 커튼의 종류만 해도 가장 흔한 로만 쉐이드, 탭 드레이프리스와 탭 타이드 커튼부터 카페 쉐이드, 벌룬 쉐이드, 오드리안 쉐이드, 룰러 쉐이드, 다운 업 쉐이드 등 셀 수 없이 많다. 가장 중요한 것은 적재적소에 적절한 커튼을 선택하는 것. 테이스팅 룸은 위아래 두 개의 커튼대 사이에 커튼을 매단 어태치트 커튼을 사용해 깔끔하고 단정한 느낌을 강조했는데, 위쪽과 아래쪽에 고르게 주름이 잡혀 있는 것을 볼 수 있다. 위층에는 빛을 조용히 안쪽으로 반아들이는 얇은 소재를 사용한 시어 커튼을 달아 아득하게 연출했다. 이렇게 장소와 쓰임에 맞춰 커튼을 선택하면 전문가 못지않은 감각을 뽐낼 수 있다. 최근에는 햇빛을 받아들이는 시어 커튼과 빛을 차단하는 바깥 커튼을 함께 사용한 이중 커튼이 대세임도 기억해 두자.

공간에 맞춰 선택하기

최근 거실에는 이중 커튼을 많이 사용하는데, 얇은 시스루 소재의 시어 커튼과 프라이버시를 위한 두꺼운 커튼을 함께 사용하는 것이 좋다. 같은 톤, 다른 질감을 선택하는 것이 실패를 줄이는 비법. 덧창에 많이 사용하는 봉에 끼워 넣는 밸런스 커튼은 로맨틱한 공간을 연출하는 데 도움이 되는데, 주방의 작은 창문에 사용하면 좋다. 너무 무거운 컬러나 소재는 피하는 것이 좋으며, 때가 잘 타는 주방 커튼은 세탁하기 쉬운 천을 선택하는 것이 좋다.

조명 디자이너와 건축가가 만든 곳인 만큼 테이스팅 룸 스타일링 곳곳에서는
전문가의 손길이 느껴진다. 전문가의 비법을 그대로 배워보자.

부자재에 신경 쓰기

타이백이나 홀드백 등 커튼의 부자재를 다양하게 활용하는 것도 멋진 커튼을 완성하는 비법. 커튼을 묶는 타이를 커튼 봉에 달거나 리본처럼 매다는 것도 좋은 스타일링이다. 최근 커튼의 소재가 얇아져 수직으로 자연스럽게 생긴 주름이 줄어들면서, 커튼 밑단에 트리밍(구슬 장식의 일종)을 덧대어 무게 추로 활용하기도 하니 참고하자.

커튼 직접 제작하기

만약 직접 패브릭을 구입해 커튼을 만든다면, 가장 적당한 패브릭의 크기는 창 사이즈의 1.5배 정도다. 또한 길이는 창문을 아래쪽으로 살짝 덮어주는 정도가 가장 예쁜데 접어 올려 박음질하는 길이도 생각해 약 10cm 정도의 여유를 준 사이즈를 선택해야 한다. 동대문종합상가에서는 직접 고른 패브릭을 재봉집에 맡기거나 커튼을 판매하는 곳에 의뢰해서 제작할 수 있다.

HOME
STYLING
IDEA 2

전 문 가 따 라 잡 기 , 칠 판 페 인 트

요즘 가장 인기 있는 칠판 페인트, 사용 방법도 쉬워 원하는 곳에 칠만 하면
되고 낙서도 쉽게 지워지며 물청소도 가능해 실용적이다.

칠판 페인트를 아이 방의 문이나 벽면에만 활용하던 것에서 벗어나 다양하
게 적용해보면 어떨까? 스크래치로 상한 오래된 테이블에 테이블 매트 형태
로 칠하거나, 화분에 이름을 적어 넣는 이름표처럼 활용해도 좋고, 액자를 칠
해 메모보드로 활용해도 좋다. 2회 정도 컬러 페인트를 칠한 이후에 최소 3일
정도 건조하고 사용해야 분필 자국이 남지 않는다는 것도 알아두자.

최근에는 블랙 컬러 이외에도 다양한 컬러를 연출할 수 있는 컬러 칠판 페인
트가 출시되었다.

Cona Queens

느긋한 오후의 힐링 플레이스, **코나 퀸즈**

코나 퀸즈는 자메이카 블루마운틴, 예멘 모카와 함께 세계 3대 커피로 불리는 하와이안 코나에서 유래한 것이다. 이들은 하와이의 빅 아일랜드에 위치한 하와이안 퀸 커피 팜Hawaiian Queen coffee farm에서 직접 따온 생두를 로스팅한다. 코나 커피는 품질과 희소성 덕분에 전 세계 커피 애호가들에게 가장 사랑 받고 있는 품종이다.

이름만 듣고 언뜻 생각하기에는 하와이의 농장을 그대로 옮겨 놓았을 법한 코나 퀸즈는 삼청동의 고즈넉한 분위기에도 위화감 없이 잘 스며든 다소곳한 카페이다. 가구 브랜드 매터앤매터로 유명한 디자인 그룹 SWBK가 브랜드 컨셉부터 공간 디자인까지 구석구석 신경을 쓴 곳이다. SWBK의 매터앤매터는 단단한 다리와 등받이의 나무 의자 하나만으로 많은 사람들에게 감명을 주었던 가구입체이다. 나무 의자와 부드러운 모서리의 테이블, 심플하게 휘어진 조명까지, 코나 퀸즈는 나무가 주는 멋이 있는 그대로 솔직하고 세련되게 보여주어 멋진 곳이라는 탄성이 절로 흘러나오는 곳이다.

Shop info

부드러우면서도 달콤하고 풍성한 과일향이 느껴지는 코나 커피는 꼭 맛봐야 한다. 직접 재배한 원두를 매일 로스팅해 신선한 맛을 유지한다. 씁쓸한 커피 맛이 마음에 들지 않는 이들도 부드러운 맛과 향에 취하게 될 것이다. 코나 커피와 함께 딸기 코코넛 펠레스프 라테도 추천하는 메뉴.

>> **주소** 서울시 종로구 삼청로 65
>> **문의** 02.720.9106

01 따뜻한 느낌의 나무 의자와 긴 카운터 테이블이 인상적인 공간.
가운데에는 조명을 넣어 눈이 피로하지 않도록 했다.
02 화이트 컬러의 철판을 구부려 만든 조명과 독특한 형태의
테이블이 조화를 이룬 창가.

1

2

나무가 주는 멋을 아는 공간

코나퀸즈의 나무 의자와 테이블, 조명은 모두 매터앤매터를 통해 만들어졌으며, 좋은 가구에 대해 특별한 가치를 둔 이들이 만든 소중한 제품들이다. 잠깐 쉴 수 있도록 유행에 맞춰 마련한 의자가 아니라 오래도록 고민하고 연구한 가구들은 코나 퀸즈를 따뜻한 온기로 가득하게 만들어준다.

HOME STYLING IDEA 1 코나 퀸즈의 스토리가 담긴 것은 가운데에 놓인 긴 테이블이다. 이 테이블은 농장에서 일하던 이들이 함께 식사를 하고 이야기를 나누던 테이블에서 모티브를 얻은 것으로, 테이블 위에는 안쪽에 조명을 넣은 슬림한 나무 패널이 가로질러 있다. 이곳에 직접 앉아 보면 쉽게 이해하게 되겠지만, 단순한 형태이면서도 꽤 유용하다. 중간에 세워진 철제 기둥에는 콘센트가 있어 노트북 사용과 휴대폰 충전에 유용하고, 안쪽의 조명은 꽤 느긋한 분위기를 준다. 특히 이곳에서 눈길을 사로잡는 조명도 매터앤매터의 작품이다. 화이트 컬러의 철판을 그대로 구부려 만든 조명은 북유럽의 심플하면서도 세련된 스타일을 연상시킨다. 'Butterfly'와 'Shell'이라는 이름이 붙은 조명은 종이 접기에서 모티브를 얻은 것으로, 이곳을 위해 특별히 제작된 아이템이다. 매터앤매터에서 구매도 가능하다.

03 발코니에는 그물 형태의 철제 선반과 철제 바 스툴을 사용해 모던한 느낌을 더했다. 철제를 선택했지만 빈티지한 마감을 선택해 차갑지 않고 따뜻한 느낌이 강하다.

창밖으로 이어지는 특별한 공간

커피 향에 이끌려 이곳으로 들어선 사람들은 계단을 따라 올라서면서 조금씩 코나 퀸즈가 준비한 멋진 공간에 물들어간다. 매터앤매터의 가구에 눈길을 뺏기다가 무심코 맨 위층까지 다다르면, 탁 트인 하늘이 반겨준다. 햇빛이 비추는 창가 아래에 놓인 푹신한 소파에 앉으면 어린 시절 바라본 창밖의 풍경이 떠올라 누가 먼저랄 것도 없이 기억을 쏟아내기에 바빠진다. 별다를 것 없어 보이는 이곳에 사람들이 가장 먼저 자리를 잡는 이유는 바로 창밖으로 보이는 풍경이 그 자체로 훌륭한 힐링이 되기 때문이다.

발코니는 'From farm to Cafe'를 내세운 코나 퀸즈에서 가장 현대적인 느낌의 소재를 사용한 곳이다. 맨 위층의 발코니에는 매쉬형태의 좁은 철제 선반이 놓여 있다. 이 선반은 기대어 바람을 쐬면서 얘기를 나누기에 딱 좋은 높이와 너비를 지녔다. **HOME STYLING IDEA 2** 발코니의 철제 선반과 함께 놓인 철제 의자까지, 매터앤매터의 가구와는 또 다른 시원한 아웃도어의 멋으로 가득하다.

04 이곳에서는 커피를 직접 볶는 커피 기계를 만날 수 있고, 이곳에서 만든 원두는 별도로 구매할 수 있다. 철제와 나무를 함께 사용해 자연스럽게 커피 농장에 와 있는 듯한 분위기를 느끼게 된다.
05 맨 위층에는 사선으로 내려간 지붕과 밖을 내다볼 수 있는 커다란 창이 더해져 멋진 뷰를 지니며 도심 속 휴식의 분위기를 느낄 수 있도록 배려했다.

In my home

181p

HOME
STYLING
IDEA1

디자이너 가구의 특별한 매력

코나 퀸즈에서 만나는 매터앤매터 가구는 우리나라의 젊은 디자이너가 얼마나 멋진 디자인을 보여줄 수 있는가를 극적으로 보여주는 브랜드이다. 물론 우리나라에는 생각보다 훨씬 많은 멋지고 젊은 디자이너들이 있다. 직접 디자인하고 제작한 새롭고 감각적인 이들의 제품은 공간을 훨씬 아늑하고 멋드러지게 바꿔준다.

매터앤매터
서울시 마포구
홍익로 5만길 4-75
02.517.9873

아이네 클라이네
ek-furniture.com

카레클린트
kaarcklint.co.kr

스탠다드 에이
standard-a.co.kr

로프트 가구
시울시 강남구 논현동
강남하이츠 102
10ft.or.kr

시세이
seesay.co.kr

코나 퀸즈의 멋진 가구에 반했는가? 이 제품이 북유럽의 유명 디자이너가 아니라
한국의 젊은 디자이너들이 디자인한 것이라는 걸 알게 된다면 더욱 매력적으로 느껴질 것이다.

183p

HOME
STYLING
IDEA2

아 웃 도 어   가 구   고 르 기

아웃도어에서 사용되는 가구는 외부환경에 견딜 수 있도록 라탄과 플라스틱,
메탈 소재를 주로 사용한다. 최근에는 인조 섬유도 개발되고 마감재가 점차
늘어나면서 소재의 제약이 거의 사라지고 있다.

패브릭 덱체어

캠핑할 때 가장 많이 만날 수 있는 접이식 의자인 덱체어는 좁은 공간에서
아웃도어 분위기를 연출하고 싶을 때 최적의 아이템. 다양한 패턴의 패브릭
을 사용한 덱체어 하나면 집이 순식간에 휴양지로 바뀐다. 핌리코(pimlico.
co.kr)에는 아이용 덱체어는 물론 다양한 크기의 덱체어와 교체용 패브릭도
구매할 수 있다.

티크 테이블

아웃도어 가구로 많이 사용되는 티크는 조금 무거운 수종이다. 정원을 고급
스럽게 꾸미고 싶다면 추천하고 싶은 소재. 벤치와 썬 라운저, 작은 슬랫 테
이블을 함께 놓으면 좋다. 티크가든(teakgarden.co.kr)에서 구매할 수 있다.

인조 라탄 썬베드

라탄의 분위기를 지닌 독특한 질감의 합성섬유를 사용하여 제작한 Dedon
사의 썬베드는 아웃도어를 한층 세련된 공간으로 만들어줄 것이다. 키아샤
(kiasha.com)에서 취급하며, 키아샤에서는 Maiori 등의 아웃도어 가구도 만
날 수 있다. 또한 웨스트코스트(westcoast.co.kr)의 인조 라탄 가구도 실용
적인 똑똑한 제품. 이곳에서는 철제가구와 파라솔 등 다양한 아웃도어 가구
를 판매한다.

플라스틱과 메탈 의자

플라스틱은 가장 싸고 경제적인 소재인 만큼 다양하게 활용 가능하다. 마지
스(Magis)나 카르텔(Kartell)사의 제품처럼 세계적인 디자이너들이 만든 제
품들은 싸구려 같지 않은 멋진 플라스틱 의자로 인기를 끌고 있다. 최근에는
플라스틱보다는 메탈을 사용한 의자가 인기.

액자로 인상이
바뀌는 우리집

카페 같은
가정집 인테리어

접시로 장식하는
특별한 식기장

의자 하나만으로도
확 바뀐 우리집

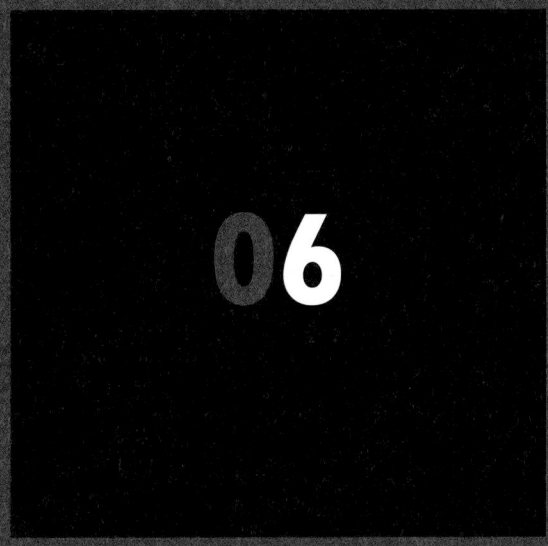

마음을 끌어당기는 멋진 의자와 세월을 거슬러 만들어진 낡은 테이블이 놓인 카페에서 우리는 다른 공간, 다른 시대를 음미한다. 이렇듯 카페에서 나누는 우리의 시간은 아름답고 우아하며, 경이로운 일들로 느껴진다. 아마도 우리의 일상이 빠르고 정신없고, 빡빡하기 때문일 것이다. 카페의 평화로움을 집 안으로 조금 스며들도록 만드는 일이 의미있는 이유이다.

Home Interior 1

나무와 소품으로
만들어낸 스위트 홈

7년 열애 끝에 결혼한 부부의 공간은 사랑하는 사람들에게서 자연스럽게 드러나는 스위트한 매력이 넘치는 곳이다. 두 사람이 어떤 것을 좋아하고 어떤 것에 공을 들이고 있는지, 집 안 곳곳에 그대로 드러난다. 직접 말하지 않아도 각자의 취향과 서로를 배려하고 아끼는 마음이 담겨있다는 것을 공간을 통해 금세 느끼게 된다.

화이트 컬러의 심플한 마감과 세련된 디자인의 가구, 공간에 활기를 더하는 다양한 소품은 이곳을 밝고 경쾌하면서도 세련된 곳으로 만들었다. 현관을 지나 마주치는 거실은 이곳의 분위기를 한 눈에 감지할 수 있게 해준다. 거실 크기에 맞춰 화이트 컬러의 심플한 소파를 놓고, 소파 뒤쪽에는 심플한 라인의 그림 액자와 쿠션이 놓여 있다. 그리고 바닥에는 다양한 컬러들로 경쾌함을 더하는 러그를 깔고, 창가 쪽으로는 형형색색의 컬러 볼이 매달린 전구를 늘어뜨렸다. 화려함을 욕심내지 않고 대신 벽과 바닥을 화이트 컬러로 심플하게 마감한 공간에 컬러로 포인트를 주니 훨씬 스타일리시한 거실이 만들어 졌다.

장난감은 훌륭한 인테리어 소품

카페 구석구석 놓인 장난감은 전체적인 분위기를 즐겁고 경쾌하게 바꿔 놓았다.
이를 집에 활용해보자. 작은 소품 하나로도 집안의 분위기는 완전히 달라질 것이다.

화이트 컬러의 심플한 마감과 세련된 디자인의 가구, 공간에 활기를 더하는 다양한 소품은 신혼집을 밝고 경쾌하면서도 세련된 곳으로 만든다. 화이트 컬러의 벽지와 나무로 만든 낮고 정갈한 가구들로 밝고 사랑스러운 에너지를 담고, 아기자기하고 위트 넘치는 소품을 사용하니 전체적인 공간이 즐겁고 유쾌하게 변하는 것을 알 수 있다.

주방이나 거실에 작은 선반을 달고 사랑스럽고 귀여운 피규어나 여행지에서 사온 작은 인형을 놓아보자. 최근 사다리를 인테리어 소품으로 활용하는 이들이 많은데, 밋밋했던 사다리에 장난감이나 인형 등을 올려놓으면 훨씬 근사하게 바뀐다. 작은 인형이나 소품 대신 작은 피규어 소품을 활용하면 좀 더 스타일리시한 분위기를 연출할 수 있다.

일부러 꾸미려 하지 않아도, TV나 인터폰 위에 작은 인형을 살짝 올려두는 것도 공간을 훨씬 재미있게 만들어줄 것이다. 스위치 버튼에 손을 올려놓은 귀여운 포즈의 고양이 스티커나 TV 위에 걸어놓은 얼룩말 인형, 손잡이에 걸어둔 펠트 목걸이와 바닥에 놓여진 열기구 모양의 시계 등, 예기치 못한 순간 곳곳에서 등장하는 귀여운 소품들은 이곳을 너무나도 사랑스럽게 바꿔놓는다. 뿐만 아니라 선반 위에 늘어놓은 식기들 사이에 피규어나 작은 인형을 놓아두면, 눈이 마주칠 때마다 기분이 좋아지는 토이 월드를 만들 수 있을 것이다.

01 사다리를 작은 장난감으로 장식한 멋진 공간
02 집안 구석구석 놓인 장난감은 공간에 위트를 더한다.
03 소품으로 활용한 작은 피규어와 인형

선반을 이용한 인테리어

선반은 수납을 위해 꼭 필요한 공간일 뿐 아니라
공간에 활력을 더하는 최고의 데커레이션 비법이 될 수 있다.

선반은 위치나 소재, 크기 등 어떤 제품을 선택하고 활용하느냐에 따라 집안의 분위기를 완전히 바꿔 놓을 수 있는 중요한 요소다. 이곳처럼 잘 사용하지 않는 방을 개조한 다이닝 룸에서는 아이디어 넘치는 선반이 빛을 발한다. 넉넉한 크기의 테이블과 나무 의자, 벤치, 그리고 테이블 웨어를 수납하기 위한 수납장이 자리한 다이닝 룸을 그들만의 특별한 공간으로 만드는 방법은 바로 선반을 활용하는 것이었다. 벽면의 길이에 맞춰 선반을 짜고 그 위에 마음에 드는 귀여운 조리도구와 소품을 올려놓는다. 그리고 나무 프레임의 심플한 거울과 포인트가 되는 알 전구를 달아두니 둘 만의 근사한 카페가 완성된다.

침실에서도 선반은 훌륭하게 제 역할을 다한다. 화장대 대신 서랍장 위에 거울을 놓고 옆에 작은 선반을 달았는데, 자칫 심심하게 보일 수 있는 침실에 활기가 생겼다. 뿐만 아니라 소파에 앉아 손을 뻗으면 닿을 수 있도록 높이를 낮춰 달아 두거나 방 사이의 작은 복도에 선반을 걸어두는 등 집 안 곳곳에서 선반은 수납과 장식의 기능을 멋지게 소화하고 있다. 만약 선반을 달기 어렵다면 창문 틀이나 좁은 몰딩을 활용하는 것도 좋다. 좁은 몰딩을 벽면에 부착해 작은 선반으로 활용하는 것인데, 훨씬 세련된 공간을 연출할 수 있을 것이다.

1

2

01 눈높이에 맞춰 재미를 더한 선반
02 조금 낮은 곳에 달아 공간을 넓어보이게 한 선반

아일랜드 스타일의 주방

카페에서 가장 탐나는 곳이 바로 주방. 아일랜드 주방을
잘만 활용하면 카페 스타일의 멋진 스타일링이 가능하다.

간단한 음식을 먹을 수 있는 아일랜드 식탁을 만들 때는 안쪽의 주방
이 훤히 드러나는 것보다는 약간 단을 높여 시선을 가려주는 것이 좋다.
또한, 오염이 잘 생기지 않고, 뜨거운 음식을 올려놓을 수 있도록 타일을
부착하는 것이 실용적이다. 상부장의 아래쪽에는 와인랙을 매달아 카페
분위기를 연출하는 것도 좋다.

01 소박한 나무 선반과 타일로 단을 높인
아일랜드 식탁이 인상적인 주방

Home Interior 1

나무 창살로 만드는 가벽

나무는 집안에 활기와 생명력을 주는 멋진 소재. 나무 창틀로 가벽을 세워 나만의 멋진 카페 스타일을 연출할 수 있다.

01 오픈된 입구를 나무 가벽으로 차단해
거실을 더욱 아늑하게 만들었다.
02 가족 사진을 걸어 추억으로
가득한 스위트 홈을 만들었다.

중문을 달 만한 공간이 없다면 나무로 가벽을 세워보는 건 어떨까? 창살처럼 나무 각재를 세워 너무 답답하지 않도록 만드는 것이 좋다. 또한 디자인적인 재미를 주기 위해 중간 부분을 살짝 잘라내고 작은 창문처럼 만드는 것도 아이디어. 창살 사이에 인형을 끼워 놓거나 예쁜 사진이나 그림을 매달아 두는 것도 좋다. 집 근처의 목공소에서 용도를 말하고 재단과 설치를 맡기면 된다. 나무의 컬러가 마음에 들지 않는다면, 원하는 컬러로 페인트를 칠해 분위기를 바꿔본다.

즐거운 실험과
아이디어로 넘치는 소호

손으로 뭔가를 만드는 일은 생각보다 훨씬 큰 즐거움을 준다. 드로잉 제이라는 이름으로 더 많이 알려진 김수진 씨는 이 즐거운 작업을 위해 집 안에 작고 아담한 공간을 마련했다. 독특한 색감과 패턴을 지닌 패브릭으로 액자를 만드는 그녀에게 이곳은 일을 위한 공간이기도 하지만 가장 편안히 쉴 수 있는 곳이기도 하다. 하루 중 가장 많은 시간을 보내는 작업실은 박공 형태의 독특한 창문이 있어 따뜻한 햇살이 그대로 스며든다. 벽도 창문을 따라 안쪽으로 비스듬하게 기울어져 있다. 창가에는 하늘로 날아오르는 자전거를 연상시키는 멋진 소품을 세워두고, 아래쪽에는 직접 만든 액자와 쿠션, 소품 등을 늘어놓았다. 물론 작업을 위한 것이기도 하지만, 다양한 컬러와 패턴을 지닌 패브릭 액자들을 서로 겹쳐 놓으니 훨씬 멋스럽게 느껴진다.

액자 하나, 그림 하나로
달라지는 공간

액자는 그저 벽에 걸어두기만 하는 것이 아니다. 때로는 바닥에 세워두기도 하고,
테이프로 자연스럽게 붙여놓을 수도 있다. 그림일 수도 있지만 패브릭, 사진이나 커다란 알파벳,
혹은 잡지를 오려내 넣어둘 수도 있다. 어떻게 만드는가에 따라 공간의 느낌은 달라진다.

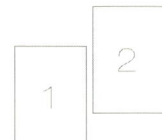

01 장롱 손잡이에 액자를 걸어두니 근사한 갤러리가 탄생했다.
02 벽면을 따라 나무 선반을 달고 액자를 올려 놓았다.

이곳의 한쪽 벽은 얼핏 보면 액자를 걸어둔 멋진 벽면으로만 보이는데, 사실은 옷을 넣어두는 옷장의 손잡이에 액자를 걸어둔 것이다. 오래된 옷장을 바꾸고 싶다면 김수진 씨처럼 손잡이에 패브릭 액자를 걸어두는 건 어떨까? 다양한 패턴과 컬러의 크기가 다른 액자를 손잡이에 걸어두면, 보기 싫던 옷장은 금세 멋진 벽면의 갤러리로 변신할 것이다. 이때에 옷장의 컬러는 화이트나 옅은 그레이 컬러처럼 베이직한 것이 좋다. 또한 옷장의 윗 부분에는 폼보드와 패브릭 원단을 활용해 보기 싫은 물건들을 가리고 쉽게 꺼낼 수 있도록 아이디어를 내 꽤 유용하게 활용하고 있다. 패브릭 액자처럼 가벼운 액자라면, 벽에 못질을 하지 않고도 충분히 벽에 걸어둘 수 있다. 머리가 달린 진주 핀이 바로 해결책. 먼저 원하는 위치를 정하고 벽지와 수평이 되도록 벽지에 핀을 꽂아준다. 그리고 액자를 걸기 위해 핀의 머리쪽을 살짝 구부려준다. 좀 더 단단하게 고정하기 위해 투명 테이프를 핀을 꽂은 벽지 위에 살짝 붙여 놓으면 된다.

조명과 선반 아래를 활용한 카페 스타일

카페 분위기를 좌우하는 가장 중요한 요소는 바로 조명. 몇 년 전
카페에서 유행하던 알 전구나 여러 개의 조명을 함께 사용하는 방법을 추천한다.

침실은 아늑한 분위기를 낼 수 있도록 조도를 낮추고 구석구
석을 아기자기하게 꾸미는 데 신경을 썼다. 알 전구를 레일에 매
달아 두고 조명 사이에는 크리스마스 장식으로 사용하던 유리 볼
안에 초를 넣고 작은 피규어를 넣어 두어 포인트로 삼았다. 벽면
은 그녀에게 멋진 캔버스와 같다. 리폼한 선반을 달고 공간에 맞
춰 어울리는 액자로 연출한다. 벽면을 채우는 일은 신나는 도전
이고 즐거움이다. 패트병과 편백나무 조각을 이용해 만든 벽 장
식이나, 인형을 낚싯줄로 연결해 선반 아래에 매단 것처럼 가끔
은 위트 있고 창의적인 실험도 주저하지 않는다. 그녀는 우연히
버려진 나무를 발견하게 되면 집으로 가져와 뭔가를 만들어보고
싶은 유혹에 빠진다고 한다. 그녀의 손을 거치면 언제나 뭔가 새
로운 것으로 변화하고, 모든 것들에는 수많은 이야기가 담긴다.

01 부분 조명이 방을 더욱 아늑하게 만들어준다.

Home Interior 3

구석에 심은 작은 나무가 숲을 이루는 집

작은 나무가 자라나 숲이 된다. 마치 작은 나무를 심듯. 작은 벽 하나. 구석진 곳을 하나씩 바꾸어 그녀만의 숲을 만들어간 이상희 씨. 그녀는 작은 공간을 바꾸는 것을 좋아한다. 벽면은 그녀에게는 커다란 캔버스가 되고, 낡은 물건은 그녀의 손을 거쳐 벽면을 채우며 새로운 이야기가 더해진 원더랜드가 된다. 그녀는 구석을 사랑한다고 스스럼없이 말한다. 매일 눈여겨보지 않으면 그저 스쳐가는 구석진 자리가 사랑스러운 공간이 되는 이유는 작은 구석이 조금씩 달라지면서 공간을 물들이기 시작하기 때문. 오래되고 낡은 것이든 작고 소소한 것이든 그녀가 애정을 품었던 물건이라면. 마법처럼 집안을 바꾸어주는 훌륭한 도구가 된다. 작은 의자를 놓고 그 위에 몇 개의 식물을 늘어놓는다. 그리고 마음에 드는 그림이나 사진을 슬쩍 걸어두는 것만으로도 벽면은 생기 넘치는 공간이 된다. 혹은 마음에 드는 레터링이나. 말린 꽃 또는 식물로 리스를 만들어 걸어두는 것도 좋다. 이렇게 벽이 달라지면 집안은 이전과는 다른 울림을 지닌 곳으로 바뀐다.

Home Interior 3
벽을 바꾸는 마법

우리가 즐겨 가는 카페를 떠올려보자. 책장으로 가득한 북 카페나 벽면 가득 그림으로
채워진 카페가 완전히 다른 느낌을 주는 것처럼, 카페의 분위기를 만드는 데 있어서
벽은 중요한 역할을 한다. 카페 스타일의 집으로 꾸미는 열쇠도 벽에서 시작한다.

작은 공간을 바꾼다고 집이 달라 보일까? 이런 생각을 하고 있었다면 이상희 씨의
팁을 참고하길. 현관이든, 방과 방 사이를 연결하는 작은 복도든, 작은 의자나 액자,
몇 개의 화분만으로도 완전히 공간이 달라진다. 눈여겨본 데커레이션을 참고해도 좋
고, 평소에 관심 있던 스타일을 작은 벽면에 먼저 시도해보자. 처음 시도하는 초보자
라면 그대로 따라 해보는 것도 좋다.

가장 손쉽게 따라 할 수 있는 방법은 의자 위에 화분 올려놓기. 어울리는 것을 찾
기 위해 고민할 필요는 없다. 다양한 것들을 함께 놓아보고 가장 마음에 드는 것을 놓
아두면 된다. 공간은 계절에 따라, 보는 각도에 따라 달라진다. 쉽게 시도하고 따라 해
보면 된다. 이렇게 한 곳을 바꾸고 나면 어울리는 것들이 생겨날 것이다. 빈티지한 소
품들을 무리하게 시도하기보다는 갖고 있던 물건 중에 오래된 것들을 먼저 꺼내 활용
해보자. 이상희 씨처럼 빈티지한 조명과 주물 손잡이를 타일에 붙여두는 것만으로도
훌륭한 데커레이션이 된다.

01 조명과 주물 손잡이를
타일에 붙여 스타일링한 공간.

| 2 | 3 |
| 4 | |

02 벤치형 스툴과 흰색의 깨끗한 쿠션.
플라워 리스로 꾸며진 예쁜 공간
03 프로방스 풍의 수납장 앞에 작은
의자를 놓으니 훨씬 정겹게 느껴진다.
04 작은 공간도 놓치지 않고 스타일을 담았다.

Home Interior 3

파벽돌로 만드는 카페 스타일 주방

카페에서 가장 많이 사용되는 파벽돌이나 타일 등 새로운 소재를 집안에 사용해보자.
직접 만들어보는 것도 생각보다 어렵지 않다는 것을 느끼게 될 것이다.

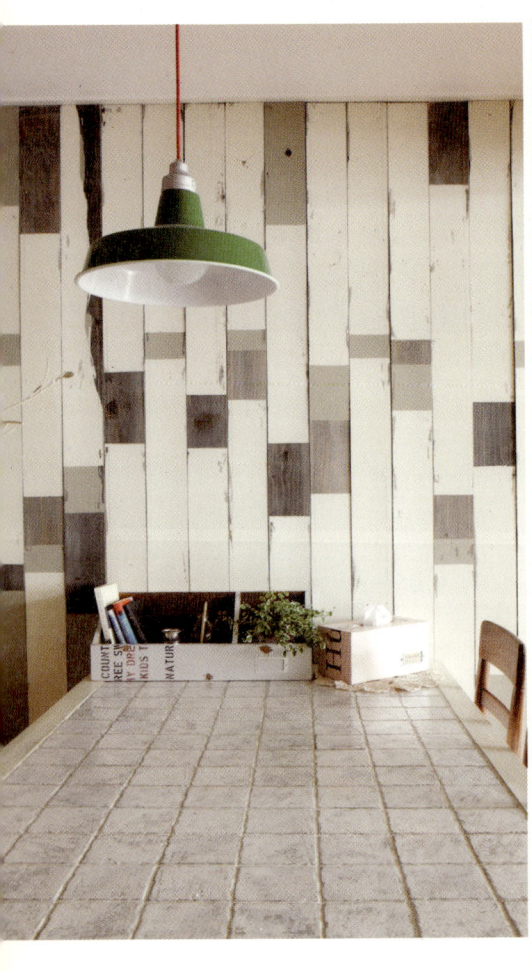

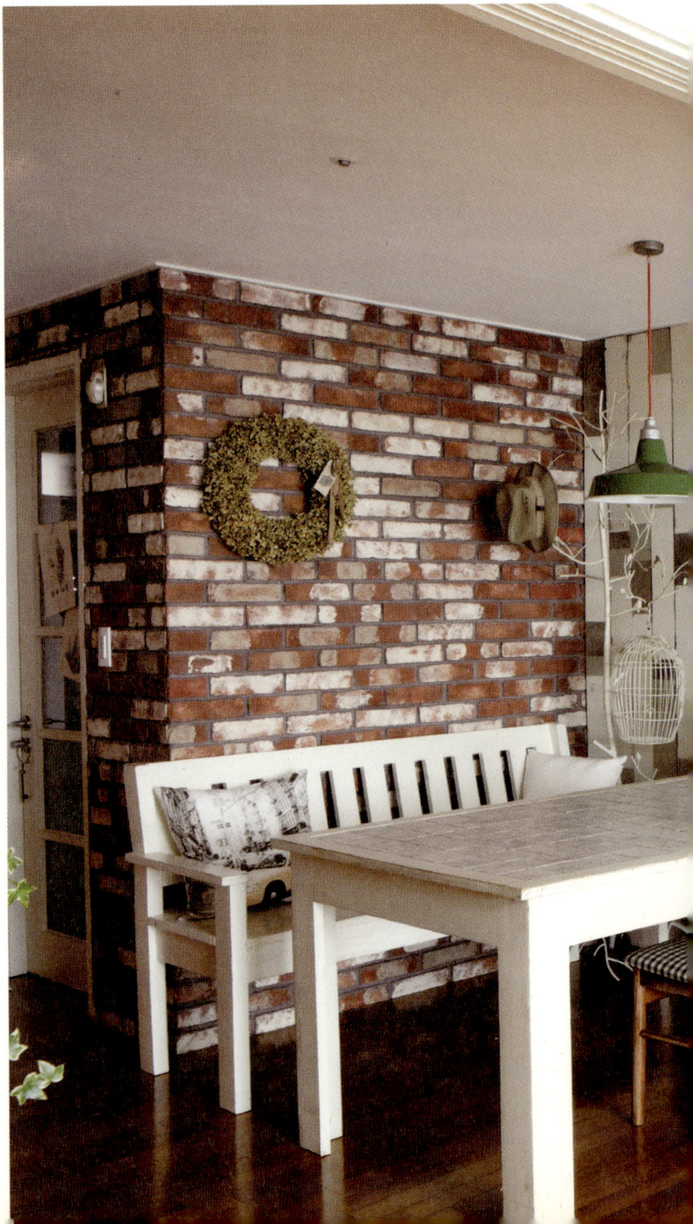

카페 스타일로 주방을 꾸미는 방법을 고민하고 있다면, 이상희 씨의 1.9평 주방이 좋은 해답이 된다. 1.9평의 카페라 이름 붙은 주방은 파벽돌과 패널을 사용하고 있으며, 곳곳에 그녀의 감성이 묻어 있는 멋진 공간이다. 카페 스타일의 주방을 만드는 데 가장 많이 활용되는 소품이 바로 파벽돌과 나무 패널. 길이에 맞춰 재단만 잘하면 쉽게 작업이 가능하다. 하지만 전체 벽면을 모두 사용하기보다는 이상희 씨처럼 테이블의 뒤쪽 등 포인트가 되는 곳을 선정해 구성해보는 것이 좋다. 시공 시 기존 실크벽지나 발포벽지는 완전히 제거한 후 부착할 면을 깨끗하게 한 후 시공하는 것이 좋다. 또한 습기를 완전히 건조시킨 후 사용한다. 최근에는 줄눈 시공이 되어 있는 파벽돌이 나와 줄눈 작업을 생략할 수도 있다.

아이는 엄마가 물건을 만지작거릴 때, 스스럼없이 어울리는 물건을 찾아내고, 자신이 좋아하는 장난감을 올려 놓으며 애정을 보이기도 한다. 이렇게 공간 구석구석이 아이와 함께 만드는 공간으로 채워지면, 아이는 집을 더 많이 사랑하고 아끼며, 추억을 담는다.

카페 주방을 만드는데도 이러한 원칙이 지켜졌다. 벽면에 파벽돌을 붙이고 메지작업을 할 때, 6살짜리 원민이는 요플레 수저를 들고 작은 손에 힘을 주며 도왔고, 빈티지한 나무 패널을 벽면에 부착하는 작업도 이것저것 열심이었다.

1.9평의 카페라 이름 붙은 주방은 이렇게 가족이 함께 조금씩 만들어가는 이야기가 담긴 곳이다. 주방이 더 이상 누군가의 가사 노동을 위한 곳이 아니라 가족들이 이야기 나누는 카페 같은 공간이 될 수 있었던 건, 바로 함께할 때 만들어지는 이야기가 소중하다는 것을 알게 되었기 때문이다.

자연에 물드는 주방

카페 창가에 놓인 작은 화분과 소품들은 이곳을 찾는 이들에게 어린시절의 추억이나 향수를
불러일으킨다. 나만의 추억이 담긴 물건들을 서랍에서 꺼내어 멋지게 장식해 보자.

주방의 구석구석에 다양한 소품과 식물을 늘어놓아 그녀만의 정원을 만들었다. 주물 손잡이와
앤틱한 조명을 사용하기도 하고, 플랜트 박스를 겹쳐 놓기도 했다. 플로리스트인 그녀의 감각이 더
해진 탓이겠지만, 곳곳에 놓인 식물들은 주방에 생기를 더해준다. 이곳에는 7년 전쯤 제작했던 테
이블이 그대로 놓여 있다. 그 시간만큼의 이야기가 담긴 테이블은 기성제품들에서는 느낄 수 없는
세월의 흔적이 고스란히 담겨 있다. 대부분은 남들과 같은 것은 지루해하고, 남들과 다른 것은 어색
해한다. 하지만 그녀는 '어떤 것'보다는 '어떻게'라는 질문을 좋아한다. 어떻게 함께해 왔는가가 그
녀에게는 훨씬 중요하기 때문이다.

이렇게 달라진 주방에서 그녀의 남편은 세상에서 가장 멋진 바리스타가 된다. 공간이 바뀌면 그
안에 살고 있는 사람들의 라이프스타일에도 변화가 생긴다. 그녀가 심은 작은 나무는 가족을 더욱
단단히 뿌리내리게 하고, 서로를 연결시키고 숲을 이루어간다.

01 좋아하는 식물을 나란히 늘어 놓고
작은 소품들을 함께 놓으니
코너 공간에 생기가 더해진다.
02 작은 화분 여러개를 나무 와인상자에
담아 쌓아 올린 근사한 아이디어 정원.

03 그릇과 어우러진 화분들이 공간을 자연으로 물들였다.

Home
Interior 4

레트로한 스칸디나비안
스타일로 꾸민 집

외국에서 오랫동안 생활했던 부부가 딸과 함께 한국 생활을 시작하기로 하면서 가장 고민한 점은 전형적인 한국적 아파트 구조의 답답함을 어떻게 덜어낼까 하는 점이었다. 부부는 오랫동안 모아 온 60년대의 빈티지한 가구들에 대한 애착도 많았다. 그래서 새롭게 더해지는 가구와 오랫동안 정든 가구들을 조화시킬 방법도 연구해야 했다. 이렇게 고민한 흔적은 집안 곳곳에 담겨 있다.

거실에서는 우선 TV부터 없었다. TV가 놓일 자리에는 외국에서 직접 구매한 60년대의 빈티지 사이드보드를 놓고 철제 선반을 달아 거실 전체의 분위기를 만들었다. 그리고 한쪽 벽면을 다양한 컬러의 그래픽 패턴이 인상적인 레트로풍 벽지로 마감했다.

집은 살고 있는 사람이 가장 편안하게 느낄 수 있으면서도, 개성을 드러내고 취향을 표현할 수 있는 곳이어야 한다. 이 집이 아름다운 이유는 이러한 요구들을 고스란히 담고 있기 때문일 것이다.

빈티지 가구와 레트로풍의
벽지로 꾸민 벽면

60~70년대에 사용하던 오래되고 낡은 의자와 야트막한 서랍장만으로도 카페의 분위기가
달라진다. 무심하게 놓인 빈티지 가구만으로도 우리의 집은 다른 공간과
다른 시간을 공유하는 특별한 곳으로 바뀌게 될 것이다.

　　집주인은 평소 좋아했던 그래픽 디자이너 산드라 아삭슨(Sandra Isaksson)의 패턴을 집안에 마음껏
사용하길 원했다고 한다. 하지만 이렇게 과감한 벽지를 사용할 때는 조금 주의를 기울일 필요가 있다.
일정한 공간에만 한정적으로 사용해 과하지 않도록 신경을 써야 한다. 뿐만 아니라 마감재에 힘을 주
었다면, 가구나 소품은 차분하고 안정적인 컬러나 형태를 지닌 제품을 사용하는 것이 좋다. 이곳에서
는 빈티지한 가구와 스틸 선반을 선택했다. 또한, 반대쪽의 벽면은 그레이 컬러의 뉴트럴 벽지를 사용
해 안정적이고 차분한 느낌으로 마감했는데, 이처럼 지나치지 않고 전체적으로 균형을 이루도록 만드
는 것이 좋다.

01 화려한 패턴의 벽지에 빈티지한 가구를 스타일링했다.

Home Interior 4

뷰가 중심이 된 거실의 레이아웃

카페에서는 창가 쪽 자리나 야외 테라스 자리가 가장 먼저 사람들로 붐비고, 한강을 바라볼 수 있는 아파트가 더 비싼 것처럼, 뷰는 굉장히 중요하다. 그러나 이상하게도 대부분의 거실은 뷰 대신 TV를 바라보는 레이아웃을 고집한다. 카페처럼 거실을 바꾸는 가장 쉽고 빠른 방법은 뷰를 고려하는 것이다.

01 거실의 레이아웃을 바꿔 근사한 뷰가 가득한 공간으로 만들었다.

이곳을 디자인한 신용환 디자이너는 집주인을 배려해 거실의 레이아웃에도 변화를 주었다. 보통은 사이드보드와 마주보는 곳에 소파를 마주보게 놓겠지만, 이곳은 거실을 베란다가 마주 보이는 곳에 놓았다. 이렇게 놓으니, 현관으로 들어오는 시선도 막을 수 있고, 소파에서 바라보는 뷰가 꽤 근사해진다. 거실의 주인이 TV가 아니라 소파에 앉은 가족들이 되는 것이다. 이처럼 남들이 잘 사용하지 않는 것들을 과감하게 시도한다면 생각하지 못했던 즐거운 결과를 얻을 수도 있다.

수납 공간이 돋보이는 주방

카페의 주방은 오픈형이 대부분이지만 Hit the Spot 처럼 필요에 따라 완벽하게 숨겨진 공간으로 만들 수도 있다. 가족 구성원에 따라 주방의 레이아웃을 고민해보자.

　　28평의 작은 공간이지만, 주방은 조금은 폐쇄적이고 수납이 풍부한 공간으로 만들려고 했다. 어린 딸이 있어서 매일 정리정돈이 어렵다는 현실적인 이유 때문이었는데, 수납이 잘 된, 조금은 폐쇄적인 주방이라는 어려운 숙제는 커다란 덩어리 형태의 주방으로 탄생했다. 상부장과 하부장에 가득한 수납 공간을 갖춘 'ㄷ'자 형태의 주방은 디스플레이 선반과 아일랜드 식탁, 싱크대가 하나로 연결되어 하나의 커다란 블록을 이루고 있다. 거실 방향의 주방에는 상부장과 하부장 사이에 벽을 달아 주방 안쪽이 보이지 않도록 신경을 썼다. 이렇게 해서 넉넉한 수납공간과 조금 어지른다고 해도 괜찮을 정도의 적당한 폐쇄성이라는 요구사항을 멋지게 충족시킨 공간으로 새롭게 탄생하게 되었다.

01 아일랜드 식탁 위쪽에 시선을 차단하는 상부장을 달았다.

Home Interior 4

패브릭으로
쉽게 하는 홈스타일링

패브릭은 최소의 비용으로 최대의 효과를 낼 수 있는 똑똑한 아이템이다.
스타일리시한 카페 이상으로 멋진 패브릭 스타일링 비법을 살펴보자.

01 화려한 색감의 커튼으로 포인트를 준 침실.

　　침실은 한쪽 벽면을 수납공간으로 짜 넣고 나머지 공간은 여백의 미를 그대로 살렸다. 특히 침실에
들어서자마자 보이는 화려한 컬러의 커튼은 마리메코(p141 참고)에서 구입한 패브릭으로 패브릭 디자
이너인 집주인이 직접 만들어 단 것이다. 자세히 보면 알겠지만, 커튼 봉 대신 레일을 달아 좀더 심플
하고 세련되게 보이는데, 이곳에서도 집주인의 취향이 그대로 묻어난다.

Home Style Interior

모던함과 엘레강스한 매력이 더해진 스타일링

가족의 따뜻한 온기로 채워진 집에서 아이들은 꿈을 키우고, 조금씩 자라난다. 집은 가족이라는 울타리를 든든하게 받쳐주는 버팀목이고 마음을 내려놓는 힐링의 공간이다. 인테리어 작업을 의뢰 받은 한성아이디 박은현 과장은 이곳이 가족을 모두 품어낸 아주 특별한 공간으로 완성되길 바랐다. 가족의 라이프스타일에 맞는 동선을 짜고, 각 공간의 기능을 충분히 고려해 레이아웃을 조정하는 작업을 꼼꼼하게 진행했다.

카페 스타일의
중문과 방문

조금만 주의를 기울인다면 카페에 굳이 들어가 보지 않더라도, 가장 먼저 마주하게 되는 문만 보고
안쪽이 어떤 느낌의 공간인지 금세 예상할 수 있다. 그만큼 문에는 생각보다 많은 정보들이 담기게 된다.

집의 현관을 지나 마주하게 되는 중문은 꽤 안쪽까지 물러나
있다. 이렇게 레이아웃을 바꾼 덕분에 좁은 현관은 훨씬 넓어졌
고, 그림을 걸어둔 벽면은 갤러리를 연상시키는 세련된 모습으로
손님을 맞이한다. 중문에는 최근 인기를 끌고 있는 소재인 망입
유리를 끼우고 고급스러운 모티스 손잡이를 선택했다. 유리 안쪽
에 망사형태로 철망을 넣은 망입 유리는 적당히 시선을 차단하는
효과와 함께 다이아몬드 무늬의 모던하고 세련된 형태로 최근 많
이 사랑 받는 제품이다. 망입이나 패턴유리는 상공간에서 많이 쓰
는데 가정에서 사용해도 적당한 시선차단 효과와 함께 인테리어
적인 효과까지 너해져 우리 집만의 예쁜 문을 완성할 수 있다. 모
던하면서도 어딘지 모르게 우아한 멋이 느껴지는 중문은 유리 사
이로 엿보이는 집안을 더욱 궁금하게 만든다.

01 중문에서 바라본 현관. 그림을 걸어두니
갤러리와 같은 느낌이 든다.
02 면분할을 다르게 해 재미를 준 중문
03 주방 안쪽의 세탁실은 불투명한
유리문을 달아 실용성을 높였다.

	2	3
1		

클래식한 분위기를 만드는 몰딩과 샹들리에

클래식하고 로맨틱한 분위기의 카페에서 빠지지 않는 것이 바로 몰딩이다.
최근에는 몰딩을 쉽게 시공할 수 있도록 도와주는 곳들이 많으니 참고하자.

프라이빗한 침실과 욕실은 우아한 클래식의 매력이 슬며시 더해
져 있다. 웨인스코팅 몰딩을 사용한 붙박이장이나, 베네치안 거울과
샹들리에의 화려함이 돋보이는 욕실에서는 클래식한 분위기가 감지
된다. 하지만 그레이나 블랙과 같은 모던한 컬러를 사용해 전체 공간
의 모던한 분위기를 흐트러뜨리지 않으면서도 클래식한 무드를 스
며들게 했다. 자신의 취향을 세련된 방식으로 드러낸 것이다. 특히
붙박이장의 몰딩은 밋밋했던 침실이 로맨틱하고 우아한 공간으로
바뀌게 하는 일등공신이다. 화이트가 아닌 그레이 컬러로 도어를 칠
해 모던한 분위기도 동시에 연출하고 있다. 더불어 붙박이장뿐만 아
니라 몰딩 장식을 방문에 활용하는 것도 좋은 방법임을 알아두자. 사
이즈에 맞춰 몰딩을 주문한 후 간단한 목공과 도장작업으로 리폼하
면 클래식한 효과를 낼 수 있으니 참고하자.

02 베네치안 스타일의 거울을 달아
로맨틱한 분위기로 가득한 욕실

01 그레이 컬러의 도어가 인상적인 붙박이 장.

Home Interior 5

북카페 스타일의 서재

북카페는 다양한 책들을 편안한 분위기에서 읽을 수 있다는 이유로 많은 이들에게
사랑 받고 있다. 집 안에도 이런 공간을 만들어 보면 어떨까?

최근 인기를 끌고 있는 북 카페처럼 서재를 꾸미고 싶다면 이곳이 좋은 해답을 줄 것이다. 방 하나
를 서재로 꾸미고 나면 생각보다 정리정돈이 어려워 좌절하게 되는 경우가 많다. 책장에 꽂힌 책들이
제각각이기 때문인데, 아이가 있는 집이거나 깔끔한 공간을 원한다면 책장에 서랍이나 도어를 달아,
보기 싫은 물건들을 가릴 수 있도록 만드는 것이 훨씬 실용적이다.

또한, 이곳은 가족들이 함께 시간을 보내는 데 무리가 없도록 넉넉한 크기의 나무 테이블과 의자
를 함께 놓았다. 책상과 의자로만 이루어진 서재 대신 이처럼 테이블과 벤치, 의자를 함께 배치하면 가
족이 함께 이야기를 나누거나 아이들에게 공부하는 습관을 들이도록 하는 데도 훨씬 효과적이다.

01 가족들이 가장 사랑하는 서재. 카페에서
많이 보던 펜던트 조명을 달아 따뜻함을 더했다.

공간을 나누는
철제 프레임의 파티션

카페는 오픈된 공간이지만 프라이빗한 대화를 나누는데도 무리가 없어야 한다.
많은 카페들이 파티션을 적절히 활용하는 이유가 바로 여기에 있다.
답답하지 않으면서도 공간을 효과적으로 나눠주는 아이디어는 카페에 가득하다.

가족들이 많이 모이는 또 다른 장소인 다이닝 공간에서도 아이디어
는 빛을 발한다. 안쪽의 메인 주방과 다이닝 공간의 보조 주방 사이에
는 철제 프레임이 인상적인 파티션이 세워져 있다. 천정과 바닥에 레일
을 깔아 슬며시 밀거나 열어둘 수 있는데, 중간 부분만 불투명 패턴 유
리를 사용해 주방의 프라이버시를 보호하고 위 아래 부분에는 투명 유
리를 넣어 식탁에 앉아서도 한강의 뷰를 조망할 수 있게 하였다. 덕분
에 단순히 식사를 위한 공간이 아니라 가족이 함께 모여 이야기 나누는
가족공간이 되고, 가족 모두가 사랑하는 특별한 공간이 탄생했다.

01 다이닝 공간을 더욱 소중하게
만들어준 파티션
02 레일을 깔아 파티션을
상황에 맞게 움직일수 있다.

03 주방의 중문에는 기하학적인 형태의 중문을 달고
불투명 유리를 사용해 시선을 차단했다.

Home Style Interior

화려한 북유럽 소품의 아름다움

아침에 눈을 뜨고 하루 종일 정해진 스케줄에 따라 팍팍한 일상을 보내는 이들에게 원하는 시간에 원하는 일을 하는 이들은 늘 부러움의 대상이다. 늦은 오후 커먼키친의 주인인 박남이 씨를 만나고 든 생각은 분명 '부러움'이었다. 캐릭터 디자이너였던 그녀는 같은 회사의 동료 셋과 함께 북유럽의 식기를 판매하는 쇼핑몰을 시작했다. 그렇게 마련한 그녀의 아지트는 그녀가 사랑하는 북유럽풍의 식기와 소품들로 가득한 아주 특별한 공간이다. 한남동의 골목 사이에 슬쩍 열린 파란색 문을 따라 안으로 들어서면 아름다운 문양이 그려진 형형색색의 접시가 가득하다. 이처럼 집안 곳곳에서 식기들은 소품이 되기도 하고, 액자가 되기도 한다.

카페 같은 창가 스타일링

카페에서 창가 자리는 늘 사람들로 붐빈다. 우리 집의 창문은 어떤가?
침대나 책상으로 가려져 있지는 않은지. 이제 창가에 앉아 카페에서처럼 향긋한 커피를 마셔보는 건 어떨까?

길가 쪽으로 난 창문에는 패브릭을 적당히 늘어뜨리게 매달고, 이를 한번 접어 올려 양쪽 끝을 슬쩍 걸어 두었다. 이렇게 자연스럽게 만든 덕분에 안쪽으로 빛이 자연스럽게 스며들고, 밖에서는 적당히 프라이버시를 보호받게 된다. 창가에도 작은 소품을 올려두고, 창문 아래에는 작은 라운드 형태의 테이블과 형태가 조금씩 다른 나무 의자를 놓으니 유명한 카페가 부럽지 않은 사랑스러운 공간이 완성되었다. 특히 보기 싫은 물건들을 수납하는 수납장과 같은 컬러와 소재로 선반을 만들어 테이블 옆에 놓아두어 전체적으로 통일감을 준 것도 주목할만 하다.

01 창문 아래에 작은 테이블과 의자를 놓고 밖을 바라보며 얘기를 나누며 카페에 온 듯한 기분이 든다.

Home Interior 6

접시와 주방도구를 활용한 인테리어

최근 인기를 끌고 있는 펜트리는 접시나 그릇을 수납하거나 보기 좋게 전시할 수 있는
유용한 아이템. 카페에도 이러한 펜트리를 놓아둔 곳들을 어렵지 않게 만날 수 있다.
수납과 장식이라는 두 마리 토끼를 잡게 해주는 펜트리로 꾸미는 똑똑한 주방을 만난다.

　예쁜 식기들을 모으는 취미를 지닌 이들이라면 주방 안쪽에 넣어둬야만 하는 게 늘 불만이었을 것이다.
유럽사람들은 식기들을 꺼내 놓거나 따로 장식장을 만들어 전시하는 것을 좋아한다. 그래서 대부분의 집에
는 펜트리가 하나쯤 있게 마련이다. 커먼 키친의 박남이 씨 댁에 놓인 펜트리는 좋은 모범이 될 듯하다. 그
녀의 남편이 직접 공방에서 제작해준 것으로 그녀 마음에 쏙 드는 아이템. 갖고 있는 그릇의 크기에 맞춰 조
금 까다롭게 주문했는데, 이처럼 갖고 있는 소품이나 보여주고 싶은 오브제의 크기나 수량 등을 고려해 제
작하는 것도 꽤 좋은 아이디어다.

01·02 예쁜 식기들과 펜트리를 이용해
카페 같은 아기자기한 분위기를 연출했다.

찬넬 선반과
북유럽 소품 활용법

카페가 언제 들러도 좋은 편안한 집처럼 느껴지는 이유는 흔히
볼 수 있는 주방의 그릇들을 자연스럽게 소품으로 활용하고 있기 때문이다.

안쪽에 놓인 검은색의 가죽 소파와 낮은 나무 테이블, 북유럽 특유의 패턴으로 화려하게 마감한 카펫이
놓인 거실이 보인다. 상판이 접히는 나무 테이블은 많은 물건을 올려놓을 수도 있고, 사용하지 않을 때는 접
어놓을 수 있는 똑똑한 제품. 뒤쪽의 찬넬 선반이나 곳곳에 놓인 수납장들은 좋아하는 것들을 보여주는데
도, 그리고 원하는 때에 사용하기 쉽도록 만드는 데도 부족함이 없도록 많은 신경을 썼다. 북유럽의 자연스
러운 패턴과 컬러가 인상적인 식기와 나무로 만들어진 심플한 북유럽식 가구가 함께하니, 작고 아기자기한
카페에서 느끼는 안락함이 잘 드러난다.

01 앵글 선반을 달고 다양한
접시들로 장식했다.

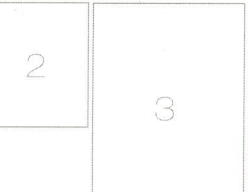

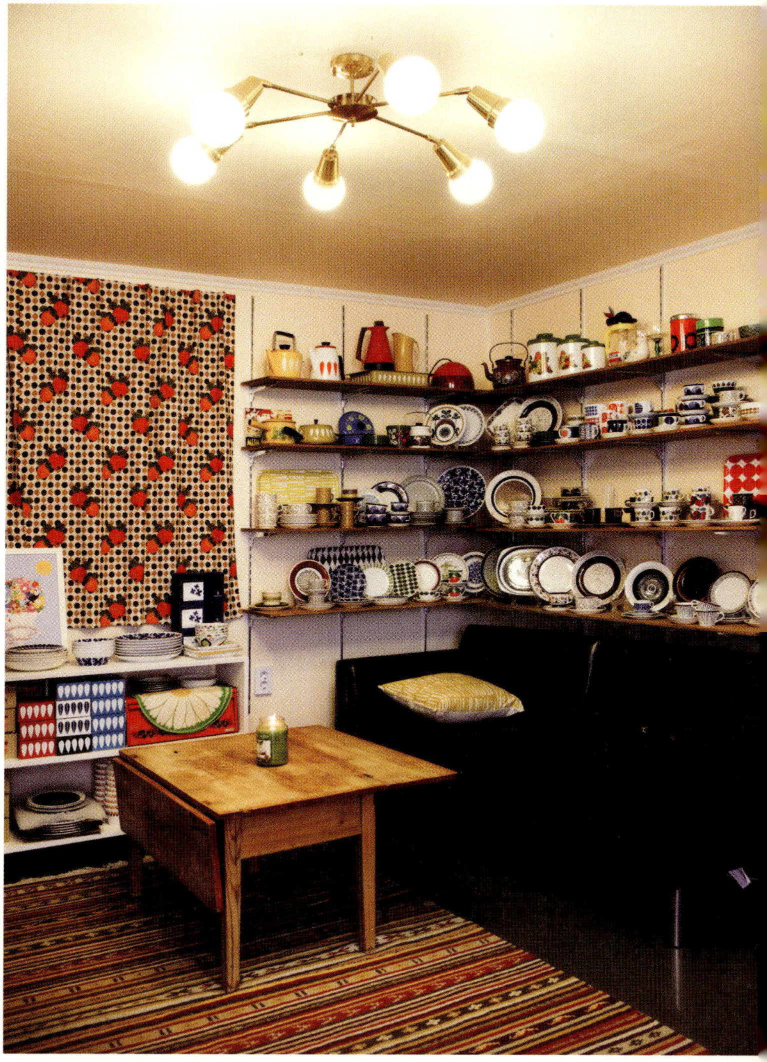

02 다양한 식기들이 잘 정리되어
인테리어 소품으로 활용되고 있다.
03 직접 만든 테이블과 가죽 소파를 놓아
따뜻한 분위기의 거실이 완성되었다.

FINN JUHL'S HOUSE

FI

Finn Juhl was first and foremost famous
for his furniture. In the 1940s, he broke
with the established furniture tradition
and designed a number of creations that
regenerated Danish furniture design.
At the Milan Triennials in the 1950s, he
was awarded no fewer than five gold
medals and won international acclaim
for his furniture. But Finn Juhl was not
only an excellent furniture designer, he
worked with all aspects of the architect's
profession. As an exhibition architect he
was the man behind the major showings
of Danish applied art abroad which
created the concept 'Danish design' and
paved the way for the Danish furniture
industry's export triumphs in the 1960s.
The masterpieces are Poeten Series
(1941) and Pelikan Chair Series (1940).

Home Credit